KB269714

과학이 밝히는
범죄의
재구성 2

한국의 CSI 국과수 박사님의 범인 잡는 과학 이야기
과학이 밝히는
범죄의 재구성 2
박 기 원 지음
아메바피쉬 그림
살림Friends

머리말

2002년 말에 우연히 미국 워싱턴에 있는 스파이 박물관에 들어가 본 적이 있다. 그곳의 서점에서 과학수사와 관련하여 일반인이 읽을 수 있는 다양한 책을 접할 수 있었다. 뿐만 아니라 작은 서점 등에서도 쉽게 과학수사 관련 서적을 찾을 수 있었다. 일반인이 과학수사에 대하여 많은 관심이 있다는 것은 매우 놀라운 일이었다. 또 한 번 놀란 것은 시카고의 노스웨스턴 대학에 있을 때였다. 필요한 시계 등을 사려고 잡다한 물건을 파는 상점에 들어갔는데, 거기서 우연히 청소년용 과학수사 키트를 발견하여 구입할 수 있었다. 키트 안에는 수사에 필요한 것(지문 채취 도구, 현미경, 나침반 등)이 다양하게 들어 있었는데, 교육용으로 만들어져 일반인에게 판매하는 것이었다.

우리나라 과학수사는 이미 국제적으로 우수성을 인정받고 있다. 하지만 아직 전문가 또는 일반인을 위한 변변한 교양서 하나 없으며, 더욱이 청소년을 대상으로 한 교양서는 전무한 상태이다. 대부분의 사람들은 과학수사적 지식을 TV나 신문 등에서 얻고 있다. 따라서 좀 더 정확한 지식을 전달하고 과학수사에 대한 이해를 돕기 위하여 이 책을 기획하였다.

　『과학이 밝히는 범죄의 재구성 1』을 출간한 후 독자들의 성원에 가슴 벅찬 감동을 느꼈다. 박진감 넘치는 과학을 만나서 좋았다는 청소년, 범죄사건과 맞물린 생생한 과학을 접하고 깜짝 놀랐다는 수많은 독자에게 보답하고자 『과학이 밝히는 범죄의 재구성 2』를 출간하게 되었다. 이 책은 1권보다 전문적이며 세밀한 과학수사 기법을 요구하는 사건을 다루었으며, 사건 해결에 한껏 능숙해진 앤과 큐 수사관을 만날 수 있을 것이다.

　끝으로 이 책이 편안하고 쉽게 읽혀질 수 있기를 바라며, 과학수사에 대한 이해가 확대되어 하루 빨리 범죄 없는 사회가 오기를 기원한다.

박 기 원

C.O.N.T.E.N.T.S

1. 키 175cm 정도의 호리호리한 체격.
2. 얼굴은 약간 마른 편. 동그란 눈과 큰 귀를 지녔다.

큐의 성격 : 매우 저돌적이고 적극적인 성격을 갖고 있음. 덤벙대기도 하지만 사건을 해결하려는 의지가 강하고 집요하게 물고 늘어지는 성격. 실수도 하지만 그래도 사건을 해결하는 데 있어서 없어서는 안 될 사람.

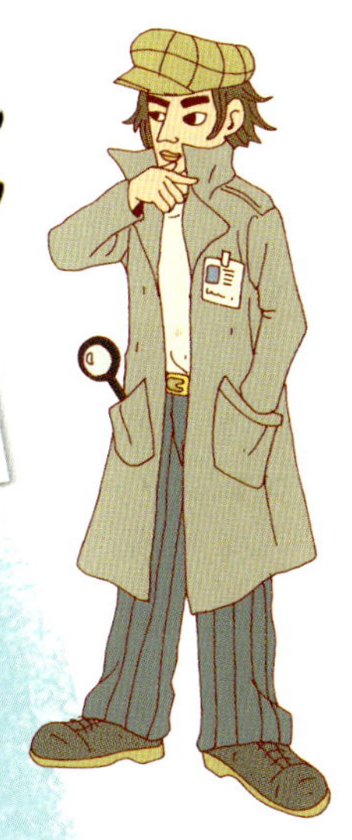

1. 키 160cm 정도의 약간 통통한 모습.
2. 무술 유단자로 전체적으로 체격이 좋은 편.

앤의 성격 : 매우 이지적이며 꼼꼼한 성격임. 과학수사에 대해 많은 지식을 갖추고 있지만 잘난 척하다가 중요한 증거를 놓쳐 버리곤 함.

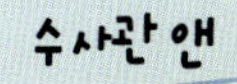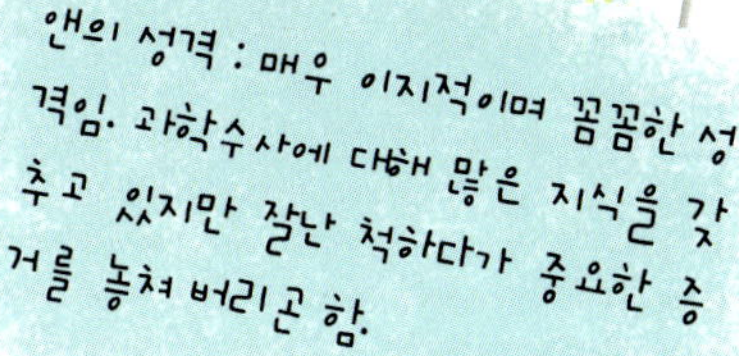

CASE 1

교통사고의 진실을 밝혀라!

접근 금지
접근 금지
접근 금지
마을 상회
회
충북

사건의 주요 내용

교통사고로 1명이 숨지고 3명이 크게 다치는 사건이 발생했다. 정황상으로는 운전석에서 발견된 사람이 운전한 것으로 보이며, 부상자들도 모두 일관성 있게 주장을 하고 있다. 사건은 여기에서 모두 끝나는 것으로 보였다. 그러나 앤과 큐의 수사로 놀라운 진실이 하나 둘 드러나기 시작한다.

교통사고 발생

새벽 3시경에 충청북도의 자그마한 읍 소재지 2차로에서 승용차가 가로수를 들이받는 바람에 1명이 사망하고 3명이 다치는 사고가 발생했다. 사고가 난 뒤 부상 정도가 심하지 않은 사람이 119에 신고하여 부상자와 사망자는 병원으로 옮겨졌다. 앤과 큐가 도착한 시간은 새벽 6시 정도였다. 사망자와 부상자들을 옮기느라고 앤과 큐가 신고를 받은 시간이 약간 늦어진 것이다.

"잠도 제대로 못 자고 이게 또 무슨 사고래! 아이, 피곤해."

잠이 덜 깼는지 게슴츠레한 눈을 비비며 큐가 말했다.

"먼저 차량과 현장을 조사하고, 다음으로 부상자들과 구조

요원들로부터 당시 상황에 대해서 듣기로 하자."

앤이 큐에게 말했다.

교통사고가 난 곳은 차량이 거의 다니지 않는 좁은 2차로의 도로였다. 길옆으로는 플라타너스 가로수가 드문드문 서 있었다.

사고 차량은 현장에 그대로 있었다. 차량은 완전히 파손되어 형체를 알아볼 수 없을 지경이었다.

"처참하게 찌그러졌군. 거의 형체도 알아볼 수 없을 정도야. 저 커브 길에서 미처 핸들을 꺾지 못하고 길가에 서 있는 가로수를 들이받았나 봐. 그래서 차가 많이 튕겨 나갔겠지. 스키드마크가 매우 짧은 것으로 보아서 순식간에 사고가 일어난 것 같고. 얼마나 강하게 들이받았는지 가로수도 뽑혀서 쓰러져 있어. 정신을 차리고 운전했더라면 금방 커브길임을 알아채고 브레이크를 밟았을 텐데……. 운전자가 졸거나 한눈을 판 것 같아."

큐가 사고가 난 곳을 가리키며 말했다.

"조수석 측면으로 가로수를 들이받은 것 같아. 조수석 측면이 움푹 파인 채 심하게 찌그러져 있고, 조수석의 문짝도 떨어져 나갔어. 스키드마크는 5m 정도? 차량 자체도 엉망이야. 진행하던 방향과 반대로 놓여 있는 것으로 봐서 적어도 반 바퀴는 돈 것 같아. 이 정도면 부상자들의 상처도 심할 것 같은데……."

앤이 차량을 살펴보며 말했다.

"혹시 다른 차량하고 접촉했을 가능성은 없을까? 상황으로 봐서는 다른 차량에서 떨어져 나온 흔적이라든가 상대 차량의 스키트마크는 전혀 없어. 하지만 가능성은 염두에 두자고."

"지금 상황으로 봐서는 단독 사고임이 확실한 것 같아. 미처 길이 굽어지는 것을 발견하지 못하고 그대로 길가로 진행해 가로수를 들이받고 돌면서 멈춰 섰겠지."

앤과 큐는 사고 현장에 대한 분석을 마친 뒤 차량의 외부와 내부를 차분히 조사했다.

차량 내부는 끔찍한 사고만큼이나 핏자국이 뒤엉켜 있었으며, 물품들이 어지럽게 흩어져 있었다. 운전석 앞 유리는 머리에 부딪힌 듯 금이 사방으로 나 있었고, 조수석의 앞 유리는 깨어져 있었다. 좀 더 정밀한 검사를 위해서 내부 조사는 나중에 차량을 견인한 뒤 진행하기로 하고 외부 흔적 등에 대해서 먼저 조사를 마쳤다.

구조팀과 부상자들의 진술

현장에 대한 조사를 마친 앤과 큐는 사고 당시 긴급 출동해서 구조를 한 구조팀과 부상자들에 대한 조사를 진행하였다. 먼저 구조팀을 찾아가 구조 당시 상황을 자세히 들어 보았다.

"교통사고 신고를 받자마자 바로 현장으로 출동하였습니다. 현장에 도착하니 세 명이 차 밖으로 나와 앉아 있었어요. 두 명은 얼굴 등에 피를 많이 흘렸던 것으로 기억되고, 한 명은 비교적 깨끗한 모습을 하고 있었습니다. 그중에 한 명이 운전석에 있는 친구가 더 위급하니 그 친구를 먼저 옮겨 달라고 외치더군요. 달려가 보니 운전석에 있던 사람은 운전대를 잡은 채 머리를 앞으로 숙이고 있었어요. 응급조치를 하기 위해 운전석에서 끌어냈지만 그는 이미 의식이 없는 상태였습니다. 그래서 그 사람을 먼저 신속하게 병원으로 옮겼습니다. 나머지 부상 정도가 상대적으로 심하지 않은 사람들은 다른 차량으로 병원에 이송했습니다."

"혹시 옮기면서 술 냄새 같은 것은 나지 않았습니까?"

듣고 있던 앤이 구조대원한테 물었다.

"모두 어느 정도 취한 상태였던 것 같습니다. 차량으로 옮기는데 부상자에게 술 냄새가 심하게 났습니다. 그래서 직감적으로 술을 마신 뒤 운전하다가 사고를 낸 것으로 생각했습니다."

"운전석에 있던 사람한테서도 술 냄새가 났습니까?"

"글쎄요. 그 사람은 부상 정도가 심해서 다른 생각을 할 수 없었습니다. 또 제가 직접 옮기지도 않았습니다. 다른 분이 운전하는 응급차로 옮겨졌는데 마침 그 차량을 운전한 분이 오늘 비번입니다."

구조대원들의 말을 듣고 난 뒤 큐가 머리를 흔들면서 뭔가 이상하다는 듯 앤을 불렀다.

"앤! 그런데 조수석 문짝이 떨어져 나갈 정도인데 어떻게 운전자가 운전석에서, 그것도 운전대를 잡은 채 고개를 앞으로 숙이고 있었을까? 그리고 큰 부상을 당했다면 친구 사이에 부상이 상대적으로 심하지 않은 사람이 응급조치라도 취했어야 맞잖아. 뭔가 상황이 수상해. 확실하게 조사를 해야 할 것 같아."

"그래, 나도 그런 생각이 들어. 구조대원이 거짓말을 할 이유는 없을 것이고. 구조대원이 잘못 본 것일까? 그럴 리가 없는데. 운전자는 이미 부상 정도가 심하다고 해서 따로 병원으로 옮겨진 것은 확실해."

"하여튼 부상자들의 진술을 들어 보자. 그리고 좀 더 자세하게 차량 내부를 조사해야 할 것 같아."

앤과 큐는 구조를 담당한 사람들에 대한 조사를 마무리하였다. 그리고 부상자 진술을 듣기 위해 이들이 입원해 있는 병원으로 갔다. 안타깝게도 부상 정도가 심한 운전자는 이미 사망하여 영안실에 안치되었으며, 나머지 사람들은 치료를 받고 있었다. 사망한 사람은 이시범 씨로 밝혀졌으며 부상자는 정사빈, 이상면, 박민삼 씨였다.

이시범 씨는 머리를 심하게 다쳤으며, 온몸 또한 심한 부상을 입은 채 사망했다. 이시범 씨에 대해서는 정확한 사고 판단을 위해서 부검을 실시하기로 하였다. 정사빈 씨는 머리 부분이 찢어졌으며, 가슴과 온몸에 상처를 입었다. 이상면 씨와 박민삼 씨는 부상 정도가 그리 심하지 않았다. 사고에 비해 차량 탑승자의 부상 상태는 심각한 상태는 아닌 것으로 보였다. 우선 이들 모두에 대해 혈중 알코올 농도를 측정하기 위하여 혈액을 채취해서 국립과학수사연구소로 보냈다. 그리고 본격적으로 한 사람 한 사람에 대한 조사를 진행했다. 먼저 부상이 심하지 않은 이상면 씨와 박민삼 씨에게 사고 당시의 상황을 물었다. 사고 차량은 정사빈 씨 소유인 것으로 밝혀졌다.

"차량에는 모두 몇 명이 탔습니까? 모두 친구 사이입니까?"

큐가 먼저 이상면 씨와 박민삼 씨가 함께 있는 곳에서 두 사람에게 물었다.

"모두 친구인데요. 사빈이가 먼 곳으로 취직을 해서 보기 힘들어질 것 같아서 모였습니다. 한 대의 차량으로 움직이자고 했고요. 가장 집이 먼 사빈이가 친구들을 한 명씩 태워 오기로 했습니다. 그리고 읍내로 나가서 밤늦게까지 술을 마셨습니다. 그때 그냥 택시를 탔어도 되었을 텐데……."

이상면 씨가 먼저 말했다.

"그럼 술을 마시고 운전했다는 것입니까?"

"아닙니다. 저희는 술을 마셨지만 시범이는 몸이 좋지 않다고 해서 조금밖에 마시지 않았습니다. 그래서 시범이가 운전하기로 했습니다."

"그래서 이시범 씨가 운전석에서 발견된 것이군요."

"네, 사빈이는 조수석에 탔고 저희 두 명은 뒷좌석에서 자고 있었는데 '꽝!' 하고 뭔가에 부딪치자마자 정신을 잃었습니다. 정신을 차렸을 땐 모든 것이 끔찍했습니다. 겨우 차에서 빠져나올 수 있었어요. 상면이하고 저는 먼저 빠져나왔고, 그 뒤 사빈이를 끌어냈습니다. 그런데 시범이가 전혀 움직이지 않는 겁니다. 괜히 움직이면 좋지 않을 것 같아 신고부터 했습니다."

박민삼 씨가 말을 받아 대답했다.

"그래도 보통 심하게 다친 사람을 먼저 구조해서 응급조치를 취하는 것이 맞지 않습니까?

큐가 머리를 살며시 앞뒤로 흔들며 다시 물었다.

"하지만 저희도 힘이 빠져서……."

말을 끝낸 이상면 씨와 박민삼 씨의 얼굴이 어두워졌다. 이를 지켜보던 앤이 큐를 향해 속삭였다.

"큐, 여러 상황으로 보아서 이해가 안 가는 부분이 많아. 그리고 조수석이 많이 부서졌잖아. 그런데 운전석에 있던 이시범 씨가 사망할 정도로 다쳤다는 것은 이해가 안 돼. 하여튼 부상자들의 진술은 참고로 하고, 차량 내부에 대한 조사가 끝난 다음 종합해 판단하는 편이 좋을 것 같아."

앤과 큐는 두 명에 대한 조사를 마치고 정사빈 씨에 대한 조사를 진행했다. 정사빈 씨도 두 사람과 똑같은 진술을 했다. 술을 마셔서 운전은 못했지만 길을 잘 알기 때문에 조수석에 탔다는 것이다. 나머지 사항에 대해서는 두 명이 말한 것과 거의 비슷하게 진술했다. 세 명의 말이 모두 일치하는 것으로 보아 신빙성은 있어 보였다. 사망한 이시범 씨에 대한 부검을 실시하기 위해 시신을 국립과학수사연구소로 옮겼다.

 ## 사망자 부검을 통해 어떤 것을 알 수 있을까?

교통사고 발생 시에는 충격으로 인하여 인체의 내·외부에 다양한 상처가 나기 마련이다. 탑승자가 사망한 경우 시신을 부검하는데, 이를 통해 사망자가 교통사고 전후에 어떠한 상태로 있었는지를 증명할 수 있다. 특히 뺑소니 사고, 교통사고를 위장한 사건의 경우 사망자 부검은 수사에 매우 중요한 단서를 제공한다.

뺑소니 사고의 경우 상처의 상태로 차량과 부딪힌 충격만 있었는지 아니면 차량이 몸을 넘어갔는지를 판단할 수 있다. 또 상처가 차량에 의한 것인지 또는 2차 충격에 의한 것인지를 알아낸 후 상처의 부위에 따라 범퍼의 높이 및 넓이를 추정한다. 따라서 승용차나 트럭 등 차량의 종류가 어떤 것인지 알아내는 데 중요한 역할을 하는 것이 바로 부검이다.

부검은 교통사고에 의한 사망인지, 교통사고로 위장한 살인인지 여부를 판단하는 데에도 매우 중요하다. 또한 상처의 위치를 정확하게 관찰함으로써 운전자 여부를 식별하는 데에도 유용하다. 예를 들어 운전자는 앞에 있는 운전대에 부딪쳐 가슴 부위에 상처가 있는 경우가 많다.

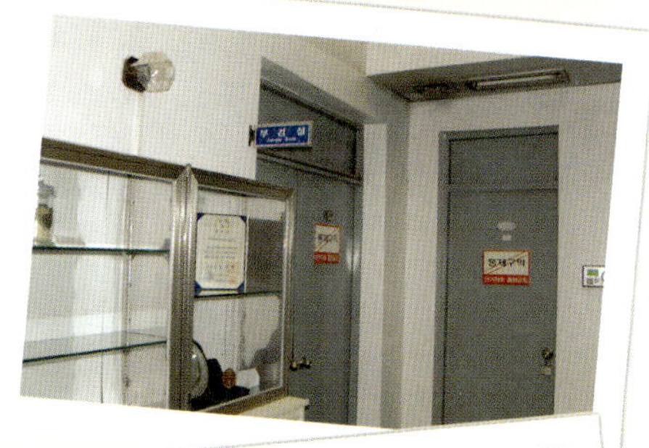

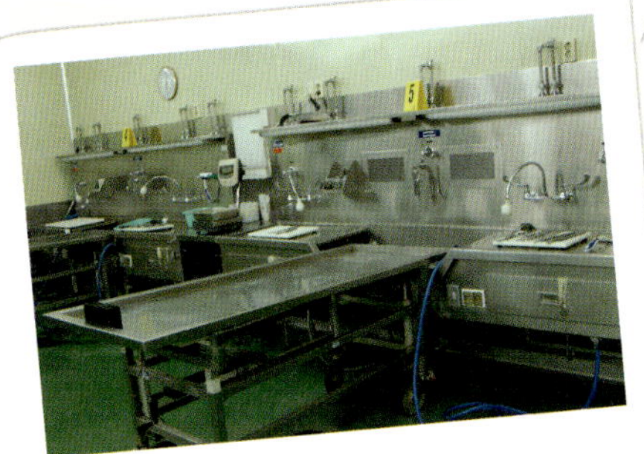

부검실의 입구와 부검실 내부 모습

　　이시범 씨에 대한 부검이 실시되는 한편 옮겨진 차량에 대한 정밀 검사가 진행되었다. 운전자를 식별하기 위해서는 사고 당시의 충돌 방향, 차의 회전 방향 등 여러 상황을 검토해야 했다. 앤과 큐는 차량 검사를 정밀하게 진행했다. 먼저 차량 안의 각 부분에 대해 세부적으로 조사를 실시하였다. 운전석 부분에서는 피 묻은 손자국으로 보이는 혈흔, 흩어진 혈흔, 운전석 밑바닥, 운전석 전면부의 혈흔 수 점을 채취하였다. 그 결과 운전석 앞면의 깨진 유리 사이에서는 잘려진 짧은 모발 10여 점을 찾

사고난 차량의 사진

아냈다. 또한 조수석 부분에서도 부위별로 수 점의 혈흔을 채집할 수 있었다. 차량 내부에 대해서는 하나하나 꼼꼼하게 기록하고 모두 사진으로 찍어 놓았다. 차량 내부는 엉망이어서 채집한 것이 누구의 혈흔이고 누구의 모발인지는 알 수 없었다. 이러한 결과물들은 실제 운전자를 밝히고, 어떻게 사고가 일어났는지를 밝혀 줄 것이다. 기록과 채취를 마친 사고 차량은 좀 더 정확한 검사를 위해 국립과학수사연구소로 보내졌다.

차량에서 채집한 증거물

첫 번째 증거, 혈흔

① 운전석 앞부분에서 채취한 손자국 모양의 혈흔과 운전자의 것으로 보이는 운전석 앞 및 운전석 바닥 발판에 묻어 있는 혈흔

② 운전석에 흩어진 혈흔 3점

③ 조수석의 앞부분과 오른쪽에서 발견된 혈흔

④ 차량의 천장 등지에 흩어진 혈흔

두 번째 증거, 모발

① 운전석 앞 유리창에 낀 잘려진 모발(모근이 없음)

 ## 모근이 없는 모발의 유전자분석이 가능할까?

모근이 없는 경우에는 핵 DNA 분석이 불가능하다. 핵 DNA를 분석하기 위해서는 모근의 조직에서 DNA를 분리해야 하는데 모간 (털줄기)부 같은 경우에는 핵 DNA가 거의 존재하지 않아 검출이 불가능하기 때문이다. 교통사고의 경우 모근이 없는 모발이 자주 발견된다. 이런 경우 사람의 모발인지 여부를 판단하는 것이 유전자분석보다 더 중요할 때가 있다. 또한 사상자와의 동일성 여부를 판단함으로써 가해 차량인지 여부를 알아낼 수 있다.

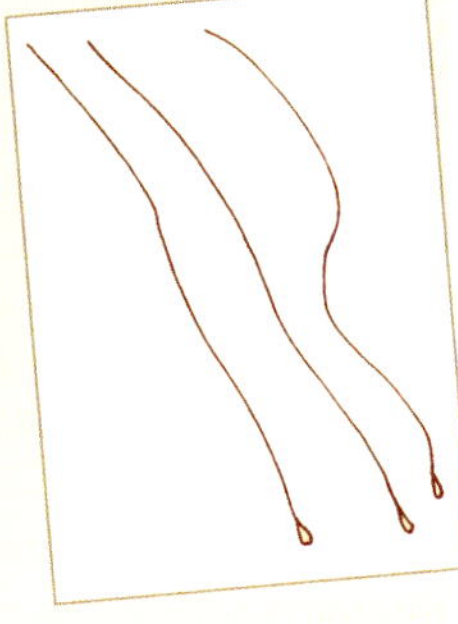

앤과 큐는 지금까지 채집한 증거물을 모아 국립과학수사연구소에 분석을 의뢰하였다. 다음날 사망자와 부상자들에 대한 혈중 알코올 농도 분석 결과가 통보되었다. 혈중 알코올 농도 측정 결과 부상자들이 운전자라고 진술한 이시범 씨는 0.078, 정사빈 씨는 0.125, 이상면 씨는 0.102, 박민삼 씨는 0.097로 4명 모두 만취 상태였던 것으로 밝혀졌다. 이시범 씨가 술을 덜 마셔 운전을 했다는 진술과는 달리 거의 비슷한 수준까지 술을 마신 것으로 나타난 것이다.

 ## 혈중 알코올 농도 측정은 어떻게 할까?

혈중 알코올 농도를 측정하는 방법에는 현장에서 실시하는 호기측정법과 실험실에서 혈액을 분석하여 측정하는 방법이 있다. 호기측정법은 폐포 공기 내

의 알코올 양을 측정하는 것으로, 호흡한 공기를 불어 넣으면 기기 내에 있는 중크롬산칼륨을 통과하며 반응한다. 이때 반응 전과 반응 후의 중크롬산칼륨 양을 측정함으로써 알코올 양을 간접적으로 산출하는 것이다.

실험실 내에서는 기체크로마토그래피라는 기기를 사용하여 측정하고 분석 대상 혈액과 알코올 농도를 알고 있는 혈액을 함께 비교함으로써 혈중 알코올 농도를 산출할 수 있다.

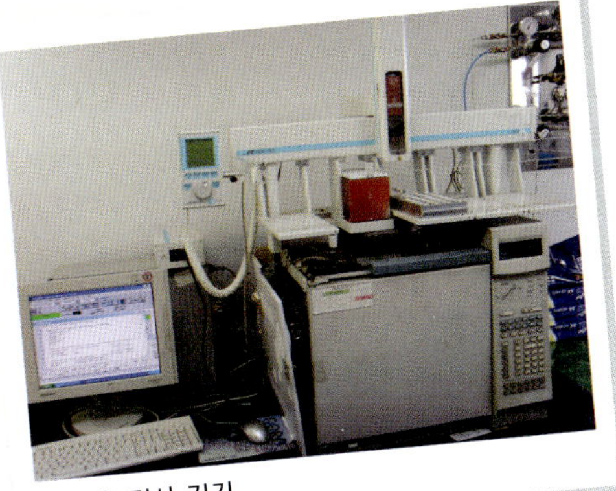

알코올 검사 기기

사망한 이시범 씨에 대한 부검 결과가 통보되었다. 이시범 씨는 머리가 부딪치면서 두개골이 파열되었고, 이 충격으로 사망한 것으로 판단된다는 소견이었다.

"앤, 이시범 씨의 부검 사진을 좀 봐. 얼굴의 오른쪽에는 상처가 있는데 가슴 부분을 보면 전혀 상처가 없잖아. 이것은 결국 그가 운전을 하지 않았다는 증거가 아닐까?"

"큐, 모든 사람의 진술이 일치해. 굳이 따질 필요가 있을까? 유전자 분석 결과를 기다려 보자. 운전석에 끼어 있는 모발이 누구 것인지에 따라 해석이 달라질 수도 있을 거야. 하지만 모근이 없는 것 같아서 분석은 쉽지 않을 것으로 보여. 그것도 모발이 아주 짧았잖아."

"가로수에 심하게 부딪치면서 차량 안의 사람들이 마구 뒤엉켰어. 과연 혈흔이 어떤 사람의 것인지 알 수 있을까?"

"정사빈 씨의 상처 부위를 좀 살펴보자. 이 사고는 운전자를 가려내는 것이 매우 중요할 것 같은데……. 무언가 석연찮은 점이 많아. 잘 처리하지 않으면 나중에 문제가 될 수도 있어.”

앤과 큐는 다시 병원에 입원해 있는 정사빈 씨를 찾아갔다. 이상면 씨와 박민삼 씨는 치료를 받고 이미 퇴원한 상태였다. 정사빈 씨는 부상 정도가 심하여 앞으로도 2주 이상 치료를 받아야 한다고 했다.

“정사빈 씨! 많이 호전이 됐습니까? 많이 힘드셨지요?”

“아니요, 그냥…….”

“저희가 상처 부위를 좀 보려고 합니다. 사건을 담당한 수사관으로서 판단해야 할 것이 있어서요. 진술만 가지고 판단하기에는 무리가 있어서 몇 가지 확인을 하려고 합니다.”

“네, 보세요.”

그는 순순히 자신의 가슴 부위에까지 환자복을 걷어 올려 상처를 보여 주었다. 큐가 그의 상처 부위를 자세히 살피기 시작했다. 여러 곳에 멍든 자국이 아직 남아 있었으며, 상처가 아문 부위도 보였다.

“큐! 혹시 가슴 부위에 상처가 있는지 집중적으로 살펴봐. 만약에 정사빈 씨가 운전했다면 운전대에 의한 상처를 입었을 거야.”

“그렇지 않아도 아까 부검 사진에서 그 부위를 자세히 보았고, 이번에도 좀 더 자세히 관찰하려고 해.”

앤과 큐는 정사빈 씨로부터 조금 떨어져서 귓속말을 나눴다.

“어디를 가장 심하게 다치셨습니까?”

“제가 조수석에 앉아 있어서 많이 다쳤습니다. 가로수와 충돌한 쪽이 조수석이었으니까요. 시범이는 운전대에 부딪쳐서 그렇게 된 것이 아닌가 생각하고요."

"아니, 그게 아니라 정사빈 씨께서 어디를 가장 심하게 다치셨느냐 고 물었습니다."

"아, 네! 저요? 그냥 여기저기 심하게 다쳤습니다."

그가 머뭇거리며 말했다.

조사를 다 마치고 앤과 큐는 사무실로 돌아왔다. 잠시 후 모든 수사 관이 모여 수사 결과를 놓고 논의를 시작했다. 아직까지 결론을 내리기 에는 무리가 있다는 의견이 많았다. 부상자들의 진술에 일관성이 있고, 부상자들을 병원으로 옮긴 구급대원의 진술에서도 이시범 씨가 운전석 에 있었다는 사실이 분명했기 때문이다. 하지만 실제 분석 결과를 보면 이들의 진술에는 석연찮은 점이 있었다. 조수석 쪽과 가로수가 충돌했 는데 운전석에 앉은 사람이 조수석에 앉은 사람보다 더 크게 다쳤다는 점, 상처 부위가 상황과 일치하지 않는다는 점 등이 그것이었다.

음주 운전에 의한 사고는 확실하지만 누가 운전을 했느냐에 따라 보 상과 책임의 소재가 달라지기 때문에 매우 중요한 문제였다.

"야, 이 사람, 정사빈 씨의 운전면허가 취소된 상태인데요. 이전에 도 만취 상태에서 운전해서 면허가 이미 취소돼 있습니다."

늦게 조사를 마치고 돌아온 정 수사관이 회의 중인 수사관들을 향해 말했다.

"그런데 이시범 씨가 나머지 친구들을 모두 데리고 운전했다고 그 랬잖아! 만약에 운전자가 정사빈이라면 무면허 운전을 했다는 거야?"

회의를 하고 있던 큐가 놀라며 말했다.

 감정 결과

며칠 후 유전자분석 결과가 통보되었다.

 앤의 감정 메모

① 운전석에서 채취된 손자국 모양의 혈흔, 운전석 앞부분 혈흔, 운전석 바닥 부분 혈흔에서 모두 이시범의 유전자 검출
② 흩어진 혈흔에서 정사빈과 이상면의 유전자 검출
③ 조수석에서 채취된 혈흔에서 정사빈 유전자 검출
④ 차량 옆 부분에서 채취된 혈흔에서 이상면과 박민삼 유전자 검출

큐의 감정 메모

① 운전석 앞부분의 깨진 유리에 박힌 모발은 모근이 없어서 감정 실패
② 운전석 앞 유리에서 채집한 모발은 광택이 있는 검은색이며 연속상 수질이 있는 모발임
③ 이시범과 정사빈은 모발이 검은색이며 연속상 수질이 있음
④ 이상면은 모발이 검은색이며 단속상 수질이 있음
⑤ 박민삼은 염색을 했으며(탈색 모발) 수질이 없음

앤과 큐의 감정 결과 운전석에서 채취된 손자국 모양의 혈흔은 이시범 씨가 충돌 직후 머리에서 흘린 피를 손으로 닦으며 남긴 것으로 판단되었다. 운전석과 운전석 바닥의 혈흔 또한 숨진 이시범 씨의 유전자형으로 판명되었다. 따라서 운전자는 이시범 씨인 것으로 잠정적인

결론을 내릴 수 있었다. 모든 부상자들이 이시범 씨가 운전한 것으로 진술하고 있는 가운데 결정적인 증거물이 나왔다. 운전석 앞 유리에 박힌 모발의 형태 감정 결과 이상면 씨와 박민삼 씨의 형태 검사 결과와는 전혀 달랐던 것이다. 그래서 이 두 사람은 운전자 명단에서 배제되었다. 하지만 정사빈과 이시범의 모발은 모두 검은색이고 연속상의 수질을 갖고 있어서 구별을 할 수 없었다. 이러한 결과를 종합했을 때 이시범 씨가 운전한 것으로 판단할 수밖에 없었다.

"혈흔 검사 결과를 보면 이시범 씨가 운전한 것이 분명해. 운전석 쪽에서 채집한 혈흔 모두에서 이시범 씨의 유전자형이 검출되었잖아."

앤이 큐에게 말했다.

"하지만 차량이 퉁겨지면서 혈흔은 얼마든지 여기저기 남겨질 수가 있거든. 모발이 결정적인 단서가 될 수 있을 것 같았는데 유전자 분석이 불가능하다고 하니 어떻게 해야 할까? 박사님한테 혹시 다른 분석이 가능한지 문의를 해보자."

큐가 통보된 감정서를 받아 들고 난감해하며 말했다. 그리고 임 박사에게 전화를 하였다.

"모발이 운전자를 가리는 데 직접적인 증거가 될 수 있었는데, 사건을 종결시키기엔 증거가 너무 약합니다. 형태적인 것만으로는 구별이 되지 않는 것 같고요. 다른 좋은 방법이 없을까요? 답답한 마음에 전화를 드렸습니다."

"가능하긴 한데요. 모발의 양이 너무 적어서……. 현재까지의 기술로는 힘들 것 같지만 최선을 다해 보겠습니다."

전화를 마친 뒤 앤과 큐는 다음의 수사 방향을 정하느라 분주하게 시간을 보냈다. 분석 결과가 나올 때까지 마냥 기다리기만 할 수는 없었기 때문에 다른 돌파구를 찾아야 했다.

"큐, 마냥 검사 결과를 기다릴 수는 없잖아. 다른 방법으로 운전자를 가려야 해. 결국 두 명 중에서 한 명으로 압축되었으니까 부상자들을 다시 불러서 좀 더 정밀하게 조사하고 다른 방법도 생각해 보자. 일단 이들이 거짓말을 하고 있는지부터 가려 보면 어떨까 싶어."

앤이 또 다른 방법을 제시했다. 하지만 혐의점이 확실하지도 않은 상태에서 이들 모두를 혐의자로 취급한다는 것은 쉬운 일이 아니었다. 그래서 앤은 말을 꺼내 놓고도 주저하는 기색을 보였다.

"하지만 모두를 혐의자로 취급해 거짓말 탐지 검사를 하겠다고 할 때 이들이 완강하게 거부하고 협조를 못하겠다고 버티면 어떡하지?"

"그래도 잘 설득해서 할 수 있도록 해야지. 진실은 반드시 밝혀질 것이고, 또 진실을 밝혀내는 것이 우리 임무잖아."

"알았어. 그러면 거짓말 탐지 검사를 받도록 부상자들을 설득해 보자."

거짓말 탐지 검사

앤과 큐의 설득에도 불구하고 모두 거짓말 탐지 검사 받기를 완강하게 거부하였다. 큐가 재차 설득을 시도하였다.

"상황이 여러분의 진술하고 맞지 않는 부분이 있습니다. 실제로 거짓말을 하고 있는지 거짓말 탐지 검사를 하는 것은 수사상 어쩔 수 없습니다. 아니면 좀 더 강도 높은 수사가 진행되고, 만약 여러분이 거짓말을 한 것으로 밝혀지면 공무집행방해죄 등 관련 법률이 적용되어 여러분 모두 무겁게 처벌을 받게 됩니다."

"……."

모두가 더 이상 말을 하지 않았다.

"네, 그러면 모두 받도록 하겠습니다."

한참을 서로 얼굴만 쳐다보며 망설이더니 이상면 씨가 협조하겠다고 어렵게 말을 꺼냈다.

"나머지 분들도 받으시는 거지요?"

"……."

여전히 두 사람은 아무 말도 하지 않았다.

"그러면 모두 동의한 것으로 여기고 진행하겠습니다. 자, 이제 가시지요. 진실을 말하셨다면 망설일 이유가 없습니다."

마침내 큐가 설득에 성공하였다. 그들은 내심 불편한 표정을 지으며 큐를 따라 나갔다.

"큐, 그런데 공무집행방해죄가 적용되는 거 맞아?"

설득을 마치고 돌아서서 앤이 큐를 바라보며 나직히 물었다.

“그거? 뻥이야!”

큐가 피식 웃으며 대답했다.

세 명에 대한 거짓말 탐지 검사가 오후 내내 진행됐다. 조사를 마치고 큐가 거짓말 분석 전문가인 왕 박사에게 물었다.

“박사님, 어떤 결과가 나왔습니까?”

“검사 상으로는 세 명 모두 한 부분에서 거짓 반응이 나옵니다. 이시범 씨가 운전을 했는지에 관해 물었을 때입니다.”

“네, 결국 우리의 판단이 잘못되지는 않았군요. 알겠습니다.”

큐가 거짓말 탐지 검사 결과를 들고 급하게 사무실로 향했다.

 거짓말 탐지 검사란?

거짓말을 하게 되면 불안한 정서가 인체의 자율신경계를 자극하여 생리적인 변화를 가져온다. 이러한 변화 중 호흡, 피부전류저항, 혈압, 맥박 등의 반응을 기록하여 그 진위를 판단하는 것을 거짓말 탐지 검사라고 한다.

거짓말 탐지 검사 기기

계속되는 재수사

사무실로 돌아온 큐가 나머지 수사관들에게 거짓말 탐지 검사 결과 거짓 반응이 있었다는 사실을 알렸다. 그리고 이번 사건과 관련된 모든 서류를 재검토하고, 이들 세 명에 대한 조사도 처음부터 강도 높게 다시 진행해야 할 필요가 있다고 말했다.

"이번 조사 결과 이상면, 정사빈, 박민삼은 수사관을 속이기 위해 서로 입을 맞춘 것 같습니다. 정확한 객관적인 분석 결과로 이들이 진실을 말할 수 있도록 해야 합니다. 꼼짝 못할 근거를 제시해야지요."

큐는 조사 결과들을 조목조목 짚어 가며 이상면, 정사빈, 박민삼을 강도 높게 조사해 갔다. 한 명 한 명 따로 조사를 진행했다. 하지만 이들 세 사람은 정말 입을 철저하게 맞춘 듯 계속 같은 말만 되풀이했다.

"계속 이렇게 거짓말을 할 거예요? 거짓말 탐지 검사에서도 이시범 씨가 운전했느냐는 질문을 했을 때 모두 거짓 반응이 나왔습니다. 이 반응이 무엇을 의미하는지 여러분이 더 잘 알 것입니다. 서로 피곤하게 그러지 말고 남자 대 남자로서 화끈하게 말합시다."

"저희들은 정말 있는 그대로 얘기하는 것입니다. 우리가 왜 거짓말을 합니까?"

세 사람은 오히려 따지듯이 큐에게 말했다. 큐는 다시 증거 자료를 들이대며 정사빈을 추궁하였다.

"정사빈 씨, 당신이 운전을 했다는 사실을 모든 자료가 증명하고 있습니다. 당신의 가슴 부위의 상처는 운전석에서나 가능한 거예요! 이 정도 근거만 있으면 범행을 증명하는 데 충분합니다. 이제 사실대로 애기하세요."

"……."

그는 아무 말도 하지 않았다.

이들을 지켜보던 앤에게 큐가 말했다.

"앤, 지금까지의 조사 결과만 가지고도 충분히 누가 운전자인지를 입증할 수 있어. 정사빈 씨가 운전한 것이 분명해. 더 이상 다른 것은 필요가 없어!"

"그래도 미토콘드리아 DNA 분석 결과가 남았잖아. 그 결과를 모두 보고 확실하게 죄를 묻기로 해."

성급한 큐와 달리 앤은 꼼꼼하게 증거를 보강하기로 하였다.

미토콘드리아 DNA 분석

며칠 뒤 모발 감정 결과가 궁금했던 큐는 직접 임 박사에게 전화를 걸어 검사 결과를 물었다.

"박사님, 바쁘신데 죄송합니다만 모발 검사 결과가 나왔나요?"

"그렇지 않아도 지금 감정서를 작성하고 있습니다. 결론부터 얘기하자면 매우 어려웠지만 좋은 결과를 얻었습니다. 감정 결과 정사빈의 머리카락이며, 미토콘드리아 DNA의 유전자 염기서열이 같았습니다."

"그러면 확실하게 정사빈의 모발이라는 것이지요?"

“네, 맞습니다. 물론 미토콘드리아 DNA형의 경우 같은 어머니의 자식들은 모두 동일한 유전자입니다. 동일한 어머니의 혈족은 모두 같다는 뜻이지요.”

“하지만 이번 건은 결국 이시범과 정사빈 두 명 중 누구의 것인가 하는 것이 문제였습니다. 다른 사람의 모발이 그 차량에 끼어 있을 확률은 없다고 봐야겠지요. 그러면 정사빈이 운전한 게 확실하군요. 감사합니다.”

“모발의 양이 적어서 전부 사용하면 나중에 다른 분석을 할 수 없기 때문에 망설였습니다. 하지만 최근에는 분석 방법이 많이 향상되어 자신감을 가질 수 있었습니다. 또 큐 수사관님이 진실을 밝히는 데 반드시 필요한 것이라고 해서 신중에 신중을 더해 실험했습니다. 이렇게 적은 양으로는 딱 한 번, 많아야 두 번밖에 실험할 수가 없어요. 하지만 좋은 결과를 얻어 다행입니다.”

“박사님, 정말 고맙습니다.”

 미토콘드리아 DNA 분석이란?

미토콘드리아 DNA 분석은 시험체가 적거나 분해된 경우에도 분석이 가능한 방법이다. 미토콘드리아 DNA는 많은 복제 수를 갖고 있기 때문에 이 사건과 같이 모근이 없는 모발에서도 유전자분석을 할 수 있다. 최근 미토콘드리아 DNA 분석은 유골만 남은 사체의 신원 확인에도 응용되고 있다.

　"앤, 이제 정사빈이 운전했다는 게 확실해졌어. 정말 끝까지 거짓말로 일관하는데 대단한 것 같아. 언젠가 진실은 드러나는데 말이야. 아무리 생각해도 정상참작이 되지 않는군. 모두 공범자야."

　전화를 끊고 난 큐가 앤을 향해 말했다. 다시 세 명을 함께 불러 조사를 계속 진행했다.

　"정사빈 씨, 머리에 상처를 입었었지요? 그때 떨어져 나온 머리카락이 운전석의 깨진 유리에 박혀 있었어요. 그것과 정사빈 씨의 유전자형이 정확하게 일치하고 있어요. 자, 보세요."

　큐가 감정서와 사진을 보여 주며 설명하였다.

　"분명히 얘기하는데, 이제는 더 이상 거짓말해도 모든 분석 결과가 정사빈 씨의 운전을 증명하고 있습니다. 계속 거짓말을 한다면 거짓 진술로 수사를 방해하고 진실을 고의적으로 은폐한 죄를 추가로 물을 수 있습니다."

　세 명은 서로 눈치를 흘끔흘끔 보며 불안해하기 시작했다. 예전과는 다른 분위기였다. 한 사람 한 사람 심적 동요를 일으키고 있었다.

　"제가 했습니다. 제 친구들은 저의 말에 끝까지 의리를 지킨 것뿐입니다."

　정사빈 씨의 고백이 이어졌다.

　"정사빈 씨, 그런 것은 의리도 아니고 우정도 아닙니다. 다만 범죄 행위일 뿐입니다."

　"죄송합니다. 제가 다 잘못했습니다……."

"정사빈 씨는 운전면허가 취소된 상태 아닙니까? 무면허 음주운전을 하고 사고를 내셨군요."

"예…… 시범이가 술을 덜 먹어서 시범이는 조수석에 탔고, 사고 당시 이미 숨진 것 같았습니다. 그래서 우리끼리 시범이를 운전석에 옮겨 놓고, 그 친구가 운전한 것으로 입을 맞췄습니다."

"그 거짓말이 영원할 줄 알았습니까? 친구도 잃고, 자신도 잃고. 정사빈 씨는 얻은 것이 아무것도 없습니다. 차라리 양심이라도 지키셨으면 정상참작이라도 될 수 있었을 텐데. 아무 할 말이 없게 되었군요."

큐가 씁쓸하게 돌아섰다.

"숨진 것도 억울한데 이시범은 사고를 일으킨 정사빈의 누명까지 쓸 뻔했잖아. 해결이 잘 돼 결과적으로 다행이긴 하지만 우리도 상황을 너무 쉽게 생각해 다소 미숙하게 일을 처리했어."

큐가 기쁜 표정보다는 다소 허탈하다는 듯이 앤에게 말했다.

"그렇게까지 했을 줄 누가 알았겠어! 생각하기가 쉽지 않은 상황이었잖아. 미리 알았으면 사건 현장에서 이시범 씨를 옮긴 흔적이라도 찾으려고 노력했겠지. 어느 정도 수사가 진행되었을 때 정사빈은 아닌 것으로 생각했으니 다행이지. 그때 좀 더 자세하게 조사했으면 좋았을 뻔했어. 정사빈의 옷 등도 자세하게 살폈다면……. 하지만 도저히 바꿔치기했다고는 생각조차 할 수 없었지."

앤이 큐를 다독이며 말했다.

"더 과감하게 수사를 진행했다면……."

큐가 못내 아쉬운 듯 말을 잇지 못했다.

거짓말 탐지 검사는 어떤 범죄 사건에 사용되나?

거짓말 탐지 검사는 한마디로 거짓말 여부를 과학적으로 가리는 검사다. 범죄 사건에서 수사 대상자들이 서로 상반된 주장을 하는 경우가 있다. 이 때 거짓말하는 사람이 누구인지를 가려내야 하며, 반대로 진실을 말하는 자가 누구인지도 판단해야 한다. 거짓말 탐지 검사는 이 사건과 같이 교통사고 등과 관련하여 진실을 은폐하는 경우, 범행 사실을 왜곡시킬 가능성이 있는 것으로 보일 때 사실 여부를 확인해야 하는 경우, 살인 및 강간 등 중범죄 사건에서 실체적 사실에 배치돼 이를 확인해야 하는 경우 등 거의 모든 범죄와 관련해 사실 여부를 확인할 때 매우 유용한 방법이다.

거짓말 탐지 검사는 어떤 것을 체크하나?

사람이 사실과 다른 것을 말하게 되면 신체적인 미세한 반응, 즉 감정의 변화로 인하여 미세한 신체 변화가 나타난다. 거짓말 탐지 검사는 바로 이러한 신체의 변화를 감지하여 거짓말을 하고 있는지 여부를 판단하는 것이다. 거짓말 탐지 검사는 거짓말을 할 때 나타나는 생리적 변화인 호흡, 피부전기반응, 맥박 등의 변화를 측정한다. 호흡의 경우 감정에 변화가 생기면 과호흡이 되거나 호흡이 억제되는 등 호흡운동이 불안정해지게 되는데, 이를 감지하는 것이다. 피부전기반응은 감정에 변화가 발생하면 땀의 분비 또는 세포자극의 반응에 대한 이온 변화로 피부에 전기저항의 변화가 일어나는

데, 이 변화를 측정한다. 또 거짓말을 하게 되면 속도가 빨라지는 등의 변화가 일어나는 맥박의 상태도 측정한다. 이러한 측정 결과를 전문 조사관이 분석하여 검사 대상자가 거짓말을 하고 있는지 여부를 판단하게 된다. 최근에는 이러한 인체의 생리적 변화 검사 외에도 뇌파를 이용하여 거짓말을 탐지하는 기술이 개발되어 활용되고 있다.

거짓말 탐지 검사의 역할은?

1923년 미국에서 프라이(Frye)의 살인 혐의에 대한 결정적인 증거로 제출한 거짓말 탐지 검사 결과가 채택되지 않아 무죄 판결을 받은 사건은 유명하다. 이 사건은 이후 과학적 분석 결과의 법적 적용에 대한 판단 기준을 세우는 데 중요한 잣대 역할을 해 왔다. 그러나 거짓말 탐지 검사가 사건을 해결하는 데 매우 중요한 역할을 하고 있다는 것은 부인할 수 없는 사실이다.

사람의 모발은 지문처럼 사람마다 다를까?

모발은 단순해 보이지만 많은 특징을 지니고 있다. 사건 현장에서 발견되는 모발의 특성을 분석하면 범인을 검거하는 결정적인 단서가 되기도 한다.

모근이 있다는 것은 모발에 조직이 붙어 있는 경우로, 소량의 조직에서 유전자 분석을 함으로써 사람마다 다른 유전자형을 얻을 수 있으며 이때 용의자와 비교하여 범인을 확증할 수 있다. 하지만 모근이 없으면 매우 제한적인 실험을 할 수밖에 없다. 이 경우 모간부(모근부를 제외한 부분)에서도 유전자분석이 가능한 미토콘드리아 DNA를 분석한다. 하지만 미토콘드리아 DNA 분석 결과는 모계가 모두 같아 개인 식별력이 떨어진다.

모발은 형태학적으로 많은 특징을 지니고 있다. 하지만 개인을 구별할 수 있을 정도의 특징은 되지 않는다. 즉 모발을 통해 동물과 사람을 구별할 수는 있지만 사람과 사람을 구별하는 것은 어렵다.

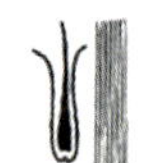

너무 쉽게 생각해
다소 미숙하게 일을 처리했어.
그렇게까지 했을 줄
누가 알았겠어!

POLICE

CASE 2
살인은 반드시 증거를 남긴다!

사건의 주요 내용

강가에서 변사체가 발견되었다. 변사자는 개인택시를 운전하는 사람이었으며, 운행하던 택시는 현장에서 발견되지 않았다. 앤과 큐는 변사체가 발견된 주변을 대상으로 차량을 수색하였다. 앤과 큐는 금품을 노린 우발적 범행으로 판단하였다. 그래서 주변의 전과자 및 우범자를 대상으로 수사를 진행하는데…….

변사체 발견

사건이 발생한 지역은 지방의 한 대도시. 강변을 걷던 사람이 변사체를 발견하고 신고하였다. 앤과 큐가 신고를 받고 김 수사관과 함께 현장으로 갔다. 시신이 있는 곳은 강둑에서 물가 쪽으로 10m 정도 내려간 곳이었다. 변사자의 발의 일부는 뭍에 닿아 있었으며, 머리는 물이 흐르는 쪽으로 놓여 있었다. 변사체가 발견된 곳은 평상시에 사람이 잘 다니지 않는 곳이었다. 더욱이 시신이 수풀에 가려져 있어서 눈여겨보지 않으면 쉽게 알아볼 수 없었다.

앤과 큐는 우선 전체적인 상황을 판단하기 위하여 마을과의 거리, 주변 식물의 분포, 시신의 방향, 둑에서의 거리 등을 사진 촬영과 스케치를 통해 상세하게 기록해 나갔다. 물론 비디오 촬영도 기본적으로

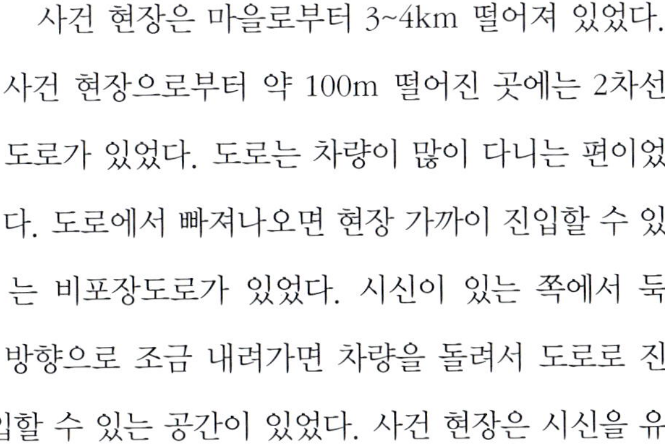

실시하였다.

사건 현장은 마을로부터 3~4km 떨어져 있었다. 사건 현장으로부터 약 100m 떨어진 곳에는 2차선 도로가 있었다. 도로는 차량이 많이 다니는 편이었다. 도로에서 빠져나오면 현장 가까이 진입할 수 있는 비포장도로가 있었다. 시신이 있는 쪽에서 둑 방향으로 조금 내려가면 차량을 돌려서 도로로 진입할 수 있는 공간이 있었다. 사건 현장은 시신을 유기하기에 최적의 장소였다. 이곳 지리를 잘 알고 있는 사람이 시신을 유기하기 위해 이곳까지 차량을 몰고 왔음이 틀림없어 보였다.

사건 현장은 모든 증거가 있는 곳이므로 가능한 한 훼손하지 않고 접근하는 것이 매우 중요했다. 시신을 유기하는 과정에서 남겼을지도 모르는 범인의 혈흔, 신발 자국, 바퀴 자국 등의 귀중한 증거를 훼손할 수도 있기 때문이다. 시신을 유기하기 위해 끌고 간 수풀 길에 범인의 흔적이 있을 수도 있었다. 앤과 큐는 사건 현장을 돌아 내려가면서 조사를 진행하였다. 수풀이 매우 우거져 있어 내려가기가 쉽지는 않았지만 어쩔 수 없는 일이었다. 수풀을 겨우 뚫고 내려가 시신이 있는 곳으로 다가갔다. 시신은 피를 심하게 흘린 상태였다. 머리에서 흘러내린 혈흔이 얼굴 전체에 어지럽게 흩어진 채 말라붙어 있었다. 와이셔츠와 정장 바지에도 혈흔이 많이 묻어 있었다. 시신은 부패가 약간 진행된 것으로 보였고, 이로 미루어 사건은 2~3일 전에 일어난 것으로 보였다. 앤과 큐는 즉시 변사자를 비롯한 현장 주변에 대한 정밀 감식을 실시하였다. 그러나 증거가 될 만한 어떠한 것도 찾을 수 없었다. 변사자의 소지품을 찾아보았지만 발견할 수 없었다. 지갑 역시 시신이 입고 있는 옷의 주머니를 비롯해 어떤 곳에서도 발견되지 않았다. 의심스러운 부분이 한두 가지가 아니었다. 이에 더하여 변사자의 신원도 알 수 없어 의혹은 더욱 깊어갔다.

우선 변사자의 신원 확인이 급선무였다. 따라서 변사자를 옮기기 전에 우선 손가락에서 지문을 채취하여 신원 확인을 의뢰하였다. 지문 채취가 끝난 뒤 시신은 곧 구급차에 옮겨졌다. 그리고 부검을 위해 국립과학수사연구소로 향했다. 부검에 참관하기 위해 김 수사관이 구급차 뒤를 따라갔다.

시신이 있던 주변에 대한 수사가 본격적으로 실시되었다. 앤과 큐는 범인의 흔적을 찾느라 여기저기 꼼꼼히 수색하였다. 그러나 흔적이 될 만한 어떤 것도 찾을 수 없었다. 현장이 수풀로 뒤덮인 데다 진흙이 아니다 보니 흔적이 남아 있기가 쉽지 않았던 것이다.

큐는 변사체가 끌린 흔적이 있는 양쪽의 풀들을 유심히 관찰하였다. 한참 동안 풀들을 들여다보던 큐가 앤에게 말했다.

"혹시 범인들이 시신을 끌고 내려오다가 시신에 풀잎이 쓸렸다면 풀잎 끝에 범인의 혈흔 같은 것이 묻을 수도 있지 않을까?"

"그럴 수도 있겠네. 우리도 숲속을 다니다가 풀에 긁힌 상처들로 인해 나중에 몹시 쓰라렸던 기억이 있잖아?"

앤이 고개를 끄덕이며 대답했다. 하지만 풀잎 끝에 무엇이 묻어 있는지 눈으로 확인하기는 전혀 불가능했다. 그렇다고 풀잎을 모두 뜯어서 현미경으로 풀잎 끝을 관찰할 수도 없는 노릇이었다. 풀잎 끝에서 혈흔을 찾을 수 있다는 가능성만을 확인하고 포기하는 수밖에 없었다. 수사의 한계였다. 아무런 소득도 없이 차량을 세워 뒀을 것으로 추정

되는 도로 옆 언덕으로 올라왔다. 혹시라도 시신을 옮긴 차량의 종류를 알아낼 수 있을까 기대하며 차량의 타이어 흔적을 찾으려고 노력하였지만 땅이 이미 굳어 버려 정확한 타이어 무늬를 알아내는 데 실패하였다.

현장에 혈흔이 있는지 여부도 조사하였다. 큐는 토양 일부에 묻어 있는 건조된 혈흔을 발견하고 이를 채취하였다. 바닥에는 끌린 것 같은 형태의 혈흔이 묻어 있었다. 이 혈흔은 변사자의 것으로 보였다. 이 혈흔을 통해 범인이 시신을 차에서 내린 뒤 끌고 가는 과정을 짐작할 수 있었다. 앤과 큐는 현장에 대해서 정밀하게 조사를 했지만 별다른 성과를 얻지 못했다. 아쉬움이 남았지만 앤과 큐는 여기에서 현장에 대한 조사를 마무리했다. 한편 목격자가 있는지 알아보기 위하여 인근 마을의 주민들을 대상으로 탐문조사를 실시하였다. 몇 군데를 돌자 날이 저물어 더 이상 수사를 진행할 수 없었다. 앤과 큐는 오늘 수사를 여기에서 마무리하고 수사 결과들을 정리하고 다음날의 수사 계획을 정하기로 하였다.

앤이 변사자의 신원을 확인하기 위하여 지문대조 의뢰 결과를 문의하였다. 의뢰 지문에 대한 문의 결과 변사자는 김기태 씨로 밝혀졌다. 김기태 씨는 개인택시를 운행하는 사람이었다. 변사자의 신원이 밝혀지자마자 그의 가족에게 전화를 하여 김기태 씨인지 사실 여부를 확인하였다. 전화를 받은 사람은 부인이었다. 부인은 자초지종을 들으면서도 사망자가 남편으로 보인다는 내용에 매우 놀라며 이를 믿으려 하지 않았다. 그러다가 감정이 격해졌는지 "그럴 리가, 그럴 리가 없다"며 사실을 인정할 수 없다는 듯 울기만 하였다. 앤은 감정이 불안한 부인을 겨우 진정시키고 차분하게 물었다.

"김기태 씨가 마지막으로 영업을 나간 것은 언제인가요?"

"네, 3일 전 아침입니다. 아침 일찍 나갔어요……. 그리고 점심 무렵에 통화를 했습니다. 그날은 제 생일이어서 그이가 일찍 영업을 마치고 집으로 들어온다고 했습니다."

"그 이후에는 남편분과 통화를 한 적이 없었나요?"

"네."

"김기태 씨가 평상시에 지갑을 안 가지고 다니시는지요? 주머니에는 아무것도 없어서 지문으로 신원을 확인할 수밖에 없었습니다."

"아닌데요. 지갑은 항상 가지고 다녀요."

"그래요? 몰고 다니시는 차종은 어떤 것인지요?"

"그랜저입니다."

변사자의 신원이 확인되자 수사에 활기가 돌기 시작했다. 수사 팀은 오늘의 수사 결과를 검토하고, 내일의 수사 계획을 세우기 위해 회의를 시작했다. 그 사이에 김기태 씨의 부검에 참관하기 위해 구급차를 따라 국립과학수사연구소에 갔던 김 수사관이 도착하였다. 회의 결과 내일은 수색조를 편성하여 차량을 찾는 데 수사력을 기울이기로 하고, 김기태 씨의 주변 인물에 대한 조사도 병행하기로 하였다.

회의가 끝나자 늦은 밤이었다. 앤과 큐는 김 수사관이 수거해 온 김기태 씨의 옷에 대해서 단서가 될 만한 것은 없는지 조사하기 위하여 하얀 종이를 바닥에 깔고 옷을 모두 펼쳤다. 환하게 불을 켜고 옷을 이리저리 살피던 김 수사관이 놀란 듯한 목소리로 말했다.

"어! 이거 뭐야! 이거 도깨비바늘이잖아!"

"뭐, 그럴 수도 있는 거 아냐? 시신이 있던 곳에 그런 풀이 있었나 보지."

큐가 대수롭지 않다는 듯이 말했다.

"아닙니다, 아까 현장에서 찍은 사진에는 그런 풀이 전혀 보이지 않았습니다. 자! 이 사진을 보세요. 그런 풀들은 전혀 없지 않습니까? 억새, 들국화, 쑥……. 아무리 봐도 도깨비바늘 같은 풀은 없습니다."

김 수사관이 사건 현장을 촬영한 사진을 보여 주며 말했다.

"그렇군요. 그러면 김기태 씨는 결국 다른 곳에서 살해되어

그곳으로 옮겨진 것이 확실하군!"

한밤중의 루미놀 시험

"큐! 아까 낮에 저 사진 속의 갈대 얘기를 했었지? 아까 우리가 잠깐 수풀 속에 들어갔다 나왔는데도 이렇게 가렵잖아. 여기저기 긁힌 자국도 있지? 그곳에 대해 루미놀 시험을 해서 소량이나마 혈흔을 찾아내면 어떨까?"

"굿 아이디어! 오늘 밤은 달빛도 거의 없으니 루미놀 시험을 하는 데 딱 안성맞춤이야."

급한 성격의 큐가 발딱 몸을 일으키고는 곧바로 나갈 태세를 취했다.

"좀 참으시지요. 내일 해도 되잖아."

앤이 일어서려는 큐를 말리며 말했다.

"하지만 오늘 밤에 비라도 내린다면 루미놀 시험은 말짱 도루묵이야. 유일한 단서가 될 수도 있는 것을 놓칠 수야 없지 않겠어? 그냥 두고는 도저히 잠이 올 것 같지가 않아."

큐가 가련한 표정을 지으며 애원하듯 말했다.

"좋아, 죽은 사람 소원도 들어준다는데 산 사람 소원 하나 못 들어주겠어? 그럼 빨리 시험 도구들을 챙겨 봐."

앤과 큐는 도구와 시약을 챙겨 급하게 사무실을 나섰다. 현장에 도착했을 때 주위는 온통 어둠뿐이었다. 간간이 차량에서 비치는 전조등이 멀리서 지나갈 뿐 무서운 기분마저 감돌았다. 계절을 알리듯 풀벌레 소리가 요란스럽게 귀청을 때려 대고 있었다. 갑작스런 인기척에 놀란 풀벌레 소리는 언제 그랬느냐는 듯이 일시에 잦아들었다. 앤과 큐는 조심스럽게 루미놀 시험을 시작하였다.

"자, 딱 한 번의 기회야. 풀잎에 묻은 혈흔은 매우 소량이기 때문에 한 번에 하지 않으면 모두 씻겨 내려가서 아무것도 남지 않게 될 거야. 조심해서 적당한 양만 분사하자고."

큐가 다짐을 받듯 주의를 주며 말했다.

루미놀 시험은 언덕에서 내려와 시신이 놓여 있던 곳까지 가면서 양옆의 풀들을 대상으로 실시하였다.

"과연 그 적은 양의 혈흔을 발견할 수 있을까? 무리는 아닌지 모르겠어."

앤이 소곤거리듯 말했다

"정말 이거 처량하게 한밤에 강가에서 뭐 하는 것인지 모르겠어."

"그러니까 내일 하자고 그랬지!"

"하지만 혈흔이 있을 가능성을 얘기하고 루미놀 시험을 하자고 먼저 말한 사람이 누군데!"

큐가 어이없다는 투로 말했다.

"잔소리는 말고 빨리 시험이나 계속 하시죠."

루미놀 시약을 꽤 많이 뿌렸는데도 혈흔의 흔적은 전혀 발견할 수가 없었다.

“아무것도 안 나와. 아무래도 실패인 것 같아.”

큐가 말했다.

“그래도 끝까지 뿌려 봐야지. 칼을 뽑았으니 무라도 썰어야 하지 않겠어?”

앤이 큐를 다독이며 말했다.

“어! 이게 뭐야?”

시신이 있던 곳에 거의 이르렀을 때 루미놀 시약을 뿌리던 큐가 희미하게 빛나는 무언가를 발견하고 소리쳤다. 양이 너무 적어서 혈흔인지 판단할 수는 없었지만 무언가 분명하게 빛나고 있었다.

“분명히 무엇인가 있었어. 이 주위 풀들을 잘라서 바로 검사를 의뢰하는 것이 어때? 혹시나 피해자와 다른 유전자형이 검출되면 범인의 것임이 확실하게 될 거야.”

큐가 희망을 버리지 않고 말했다.

“그래, 큐. 그러면 좀 전에 루미놀 반응이 일어난 주위의 풀들을 잘라서 혈흔 검출 여부와 유전자분석까지 해 달라고 의뢰하자. 혈흔이라면 결정적인 단서가 될 수 있어. 그러니 풀들을 소중하게 다뤄야 해!”

앤과 큐는 채집한 풀잎들을 조심스럽게 싸 들고 사무실로 돌아왔다.

한편 김기태 씨 부인은 시신이 안치돼 있는 병원을 찾아가 남편임을 확인하였다. 이 자리에는 김 수사관이 동행했다.

김 수사관의 말에 따르면 남편임을 확인한 부인이 사실을 믿을 수 없다면서 고인을 앞에 두고 한참 동안 오열했다고 한다. 여기저기 상처가 심하게 난 남편의 모습을 보고 부인은 실신을 하였다. 김 수사관이 겨우 진정시켜서 부인에게 수사에 협조해 줄 것을 당부하고 사무실로 돌아왔다.

"자, 이제 좀 쉽시다. 내일 또 현장 주위를 수색해야 하니까 좀 쉬어야 해요. 내일은 아침 일찍 수색조를 편성해서 사라진 택시를 찾아야죠. 그리고 김기태 씨의 옷에 묻은 도깨비바늘이 있는 곳을 찾아야 합니다."

큐가 수사관들을 모아 놓고 내일 계획을 설명했다.

"그런데 도깨비바늘이 어디에 있는지 어떻게 알 수 있습니까?"

김 수사관이 물었다.

"내일 아침 일찍 조를 나누어 현장 주변을 광범위하게 수색해서 찾도록 합시다."

차량 발견

날이 밝았다. 앤과 큐는 간밤에 채집한 풀잎을 국립과학수사연구소에 보내 혈흔의 흔적과 유전자감식을 의뢰하였다. 또한 팀별로 수색조를 편성하여 시신이 발견된 인근을 중심으로 도깨비바늘이 있을 만한 곳과 차량이 닿을 수 있는 곳을 찾아내기 위해 샅샅이 수색을 하였다. 가능한 한 차량이 닿을 수 있을 만한 외진 곳을 중심으로 수색을 하였다. 수색을 한 지 얼마 지나지 않아서 버려진 것 같은 그랜저 개인택시를 발견했다는 연락을 받았다.

택시가 발견된 곳은 사람이 거의 다니지 않는 곳이었다 그래서 며칠이 지나도록 사람의 눈에 띄지 않은 것이다. 차량 조회 결과 김기태 씨의 택시인 것으로 확인이 됐다. 택시 외부는 매우 깨끗했다. 하지만 택시 내부에는 흩어진 혈흔이 많이 묻어 있어 심상치 않은 사건이 발생했음을 짐작할 수 있었다. 운전석에서 조수석으로 이어지는 곳에도 많은 양의 혈흔이 남아 있었다. 택시 내부에는 둔기 따위에 맞아 튄 피로 인해 발생한 흩어진 혈흔과 김기태 씨의 반항 때문에 생긴 것으로 추정되는 문드러진 혈흔이 많이 있었다. 이 혈흔은 사건 발생 당시 김기태 씨가 그 자리에서 의식을 잃은 것이 아니라 둔기에 맞고도 일정 시간 동안 저항하였음을 말해 주고 있었다.

"혹시 다투는 과정에서 용의자가 피를 흘렸을지도 모르니까 좀 더 자세하게 혈흔을 관찰하고, 의심되는 혈흔은 모두 채취하기로 하자. 특히 차 안의 증거물을 채취할 때 조심해야겠어. 우리 머리카락이 떨어질 수도 있으니까. 괜히 우리가 범인이 되지 않기로 조심하자고."

큐가 훈계를 하듯 말했다.

"네, 알겠습니다. 너나 잘하세요."

앤이 우스꽝스럽게 말했다.

시신이 있던 현장에서는 특별한 증거물을 찾을 수 없었다. 택시를 정밀 감식한 결과 김기태 씨의 것으로 판단되는 혈흔과 다투는 과정에서 용의자가 흘렸을 것으로 추정되는 흩어진 혈흔 수점을 채취하였다. 또한 용의자의 모발이 자연적으로 빠졌을 경우를 가정하여 택시 내에 남아 있는 모발을 비롯해 담배꽁초 6점을 수거했으며, 더불어 도움이 될지도 모를 차량 손잡이에 묻어 있는 지문을 채취해서 국립과학수사연구소에 의뢰하였다. 하지만 택시의 경우 많은 사람이 타고 내리기 때문에 다른 사람의 유전자형이 검출된다 하여도 범인의 것이라고 단정할 수가 없었다. 따라서 발견된 모발에는 큰 의미를 둘 수 없는 상황이었다.

사건 현장에서 모발은 왜 발견되는 것일까?

사람의 머리카락은 하루에 수십 개가 자연적으로 빠진다. 격렬한 행동이 있는 경우에는 모발이 아주 쉽게 빠질 수 있으며, 힘이 가해진 경우 강제로 빠질 수 있다. 종종 사건 현장에서는 범인의 자연 탈락 모발(자연적으로 빠진 모발)이나 강제로 탈락된 모발이 존재한다는 사실을 염두에 두어야 한다.

앤이 무엇인가 생각났다는 듯 말을 꺼냈다.

"그런데 그 도깨비바늘은 어떻게 된 거지? 김기태 씨의 옷에 붙어 있던 도깨비바늘 말이야. 사건 현장에는 아예 없었잖아. 한번 확인할 필요가 있겠어. 주위에 도깨비바늘이 있나 찾아보자."

"그래 맞아. 이 근처에 도깨비바늘이 있어야 앞뒤가 맞지!"

큐가 말했다. 앤과 큐는 택시 주위를 자세히 살피며 도깨비바늘을 찾았다.

"큐! 여기 있잖아. 바로 택시 옆에 있어. 여기서 김기태 씨가 일단 내려지고 난 뒤 다른 차로 옮겨진 것이 확실해. 그렇지 않으면 김기태 씨의 옷에 도깨비바늘이 붙어 있을 리가 없겠지."

앤이 자신 있게 설명을 했다.

"앤, 그런데 시신을 어떻게 그곳까지 가서 유기했을까? 그냥 이곳에 택시와 함께 놔둬도 되었을 텐데, 무슨 이유로 위험을 무릅쓰고 다시 옮겼는지 이해가 안 돼. 그리고 다른 차량으로 옮겼다면 한 사람에 의한 범행이 아니라는 것이 되는데, 그렇다면 택시에 승객으로 두 사람이 탔다는 것일까?"

큐가 여러 의문점을 제시했다.

"그런데 김기태 씨의 지갑은 어디에 있는 거지?"

앤이 갑자기 생각이 났다는 듯 말했다.

"범인들이 돈만 꺼내고 어딘가 버렸을 거야. 택시 주위의 도랑 같은 곳을 자세히 수색해서 지갑을 찾아보자."

앤과 큐는 수사관들과 함께 지갑을 찾기 위해 택시 주위의 수풀을 뒤져 나갔다. 지갑은 쉽게 찾을 수 있었다. 10분 정도 주위를 수색하자 사건 현장에서 약 100m 떨어진 도랑 밑바닥에서 김기태 씨의 것으로 보이는 지갑을 찾을 수 있었다. 하지만 지갑 안에는 현금이나 카드는 커녕 아무것도 없었다. 앤과 큐는 현장에 대한 수사를 마무리하고 사무실로 돌아왔다. 나머지 수사관들은 인근의 동네 사람들을 대상으로 탐문 수사를 계속 하였다.

앤과 큐가 사무실로 돌아오자마자 김기태 씨의 부검 결과의 일부를가 전달되었다. 결정적인 사인은 두개골 파열로 인한 것이었다. 매우 강하게 내리쳤다기보다 가까운 곳에서 둔탁한 물건에 의해 가격 당한 것 같다는 소견이었다. 즉, 사건이 일어난 곳은 차량 안이었으며, 사용한 도구는 망치 같은 둔기로 판단되었다.

수사관들이 모여 지금까지의 수사 결과에 대해 회의를 하였다. 서로의 의견을 모으고 수사 결과에 대해 논의를 하였지만 뚜렷한 단서는 나오지 않았다. 차량 안에서 수거한 혈흔과 모발 등에서 범인의 유전자형이 검출될 것으로 기대했지만 많은 사람이 타고 내리는 택시여서 불확실한 증거가 될 가능성이 높았다. 또한 유전자형이 나온다 하여도 비교할 용의자가 없으면 아무 소용이 없었다. 결국 단순히 돈을 노린 범행으로 수사 방향을 잡고 인근의 불량배와 전과자를 중심으로 수사 범위를 확대하기로 하였다. 그리고 김기태 씨의 휴대전화 통화 내용도 조회하였다. 김기태 씨가 마지막으로 한 통화는 실종된 것으로 보이는 날 저녁 8시 7분에 자기 집으로 한 것이었다. 큐가 집으로 전화를 했더니 마침 김기태 씨 부인이 받았다. 큐는 그날의 통화 내용에 관해서 물었다.

"그날 남편분과 무슨 말씀을 나누셨습니까?"

"손님을 모시고 멀리 가고 있는데, 손님도 없고 해서 그 손님만 모셔다 드리고 집에 들어오겠다고 했습니다. 그리고 주말에 놀러 갈 애

기를 잠깐 하고 통화를 끝냈습니다.”

“참, 남편분이 카드 같은 것은 전혀 사용하지 않고 있습니까?”

큐가 다시 물었다.

“아닌데요. 현금카드 하나가 있고, 신용카드도 하나 있어요.”

“아, 그렇습니까?”

‘그 카드는 어디로 갔을까?’

큐가 혼잣말을 하며 생각에 잠겼다가 앤에게 말했다.

“앤, 김기태 씨가 사용하는 카드와 계좌 내용을 조사해야겠어. 혹시 범인이 카드를 사용했을 수도 있으니까.”

“요즘 범인이 ‘나 잡아가요’ 하며 카드를 쓰겠어? 뻔히 잡힐 것을 알면서 쓰겠냐고!”

앤이 말했다.

“하여튼 수사의 기본이야. 해 보자고.”

큐가 말을 마치고 바로 김기태 씨의 은행계좌를 압수수색하여 계좌의 입출금 내용을 조사하였다. 그런데 뜻밖에도 김기태 씨가 숨진 다음날 그의 계좌에서 120만원이 인출된 것으로 나타났다. 부인이 부부 카드를 이용하여 인출한 것인가 해서 김기태 씨 부인에게 물었더니 인출한 사실이 없다는 것이었다. 그렇다면 인출한 사람은 범인밖에 없었다. 인출은 단 한 차례 있었다. 김기태 씨를 협박하여 비밀번호를 알아낸 다음 현금자동지급기에서 인출한 것으로 보였다. 따라서 돈이 인출된 현금자동지급기의 폐쇄회로 화면을 분석하기로 하였다.

현금이 인출된 시간대의 현금자동지급기 폐쇄회로 영상을 분석한 결과 범인으로 추정되는 사람의 모습이 찍힌 것을 확인할 수 있었다.

범인은 모자를 쓴 채 머리를 숙이고 있어 확실한 모습은 알 수 없었다. 가장 상태가 좋은 정지화면을 인쇄하여 전국에 공개수배하기로 하였다. 옷차림 등을 알아보는 사람이 있을 것으로 기대한 것이다.

"앤, 이것 봐. 사건은 언제나 아무도 모르는 거야. 항상 모든 가능성을 열어 두고 조사를 해야지, 선입견을 가지면 중요한 것을 놓칠 수가 있거든. 초동 수사 과정에서 이 점은 더욱 중요해."

큐가 앤에게 의기양양하게 말했다.

"네, 알겠습니다! 큐 박사님!"

앤이 멋쩍은 듯이 농담조로 대답했다.

탐문 수사는 계속되었다. 그동안 몇 건의 신고도 접수되었다. 혐의점이 있는 몇 명의 용의자들에 대해 집중적인 수사가 진행되었다. 이

가운데 용의자들의 주거지에서 수거한 옷, 신발 등 물품을 국립과학수사연구소에 추가로 의뢰하기로 하였다. 범행이 좁은 공간에서 이루어졌기 때문에 범인의 옷에도 김기태 씨의 혈흔이 묻었을 가능성이 높았다. 이 물품에서 혈흔이 검출되는지 여부는 매우 중요하였다.

"박사님, 혈흔이 검출되는지 여부를 먼저 알고 싶은데 가능하겠습니까? 바로 확인할 수도 있나요?"

큐가 임 박사에게 전화하여 혈흔 검출 여부만 먼저 할 수 있는지 물었다.

"네, 필요하다면 먼저 알려 드릴 수 있습니다. 이른 시간 내에 확인도 가능합니다."

"감사합니다."

김 수사관이 감정물들을 직접 들고 국립과학수사연구소로 갔다. 몇 시간 뒤 김 수사관이 맥이 빠진 목소리로 큐에게 전화를 했다. 유력한 용의자로 지목되던 사람의 집에서 수거한 옷에서 혈흔이 전혀 검출되지 않았기 때문이다.

　며칠 뒤 국립과학수사연구소로부터 유전자분석 결과가 통보되었다. 택시 내부에서 수집한 혈흔, 모발, 담배꽁초 등에서는 모두 김기태 씨의 유전자형 이외에는 검출된 것이 없었다. 기대를 걸었던 풀잎의 혈흔도 마찬가지였다.

　한편 공개 수배 사진을 보고 사진과 비슷한 사람을 보았다는 신고는 계속되었다. 이 가운데 다시 몇 명을 용의 선상에 올려놓고 수사를 계속 진행하였다. 그러나 정밀 조사 결과 모두 혐의가 없는 것으로 밝혀졌다. 앤과 큐를 비롯해 수사관들은 다시 허탈감을 느껴야만 했다. 결국 CCTV에 찍힌 범인을 알아보는 사람이 나타나기를 기다리는 편이 가장 빨라 보였다. 그렇다고 탐문 수사와 김기태 씨 주변 인물에 대한 수사를 그만둘 수는 없었다. 하지만 별다른 성과를 얻을 수 없었다.

　아무런 소득을 건지지 못한 채 며칠을 소모했다. 그러던 어느 날 앤은 한 통의 전화를 받았다.

　"여보세요. 오늘 우연히 공개 수배 사진을 보게 되었는데, 우리 동네에 사는 한 청년인 것 같아요. 모자도 전에 보았던 것과 비슷하고요. 옷도 그 청년이 자주 입던 게 맞습니다."

　"네!"

　앤과 큐가 수사관들과 함께 신속하게 제보자가 말한 집으로 용의자를 검거하기 위해 달려갔다. 제보자가 말하는 사람이 사는 집은 단독주택의 반지하방이었다. 집주인에게 물었더니 그곳에는 한 청년이 세를 들어 살고 있는데 집 바깥에 문이 위치해 있어서 평상시에도 들어오는지 나가는지조차 잘 모른다고 하였다. 요즘 통 눈에 띄지 않았는데, 어디에 갔는지는 전혀 모르겠다고 하였다. 용의자가 있는 반지하 방 문을 두드렸지만 아무런 인기척이 없었다. 방에는 아무도 없는 듯하였다. 하는 수 없이 그의 방을 계속 지켜보며 그가 나타나기만을 기다리는 수밖에 없었다.

"무조건 기다릴 수는 없잖아."

앤이 불만 섞인 말투로 얘기했다.

"그래도 범인을 검거하는 것인데 참아 보자고. 분명히 나타날 거야. 벌써 사건이 일어난 지 한참 지났으니 용의자가 안심하고 집에 한번 와 볼 때가 되었어. 다른 수사관들은 용의자가 있을 만한 곳을 좀 더 자세하게 찾아보고, 그의 휴대전화 통화 내용도 모두 조사하도록 하자고."

큐가 말했다.

며칠이 지났다. 모두 지쳐서 그만 잠복을 포기하고 다른 방법을 찾자는 말도 나왔다. 하지만 분명히 용의자가 들어올 것이라는 희망을 안고 잠복은 계속되었다.

"그 친구가 범인인 게 확실해?"

앤이 지친 목소리로 뾰로통하게 말했다.

"제보자의 신고를 믿어 봐야지. 거짓 제보는 아닐 거야. 구체적으로 용의자가 착용하는 옷 따위에 대해서 말했거든."

그때였다.

"저, 저, 저 사람!"

하마터면 앤이 소리를 지를 뻔했다. 태연하게 지하방으로 들어가는 용의자를 발견한 것이다.

"어쩌면 저렇게 태연하게 들어갈 수가 있어. 저 사람이 범인이 맞긴 맞는 거야? 자세히 보니 공개 수배된 사진과 닮은 것 같기도 하네."

앤이 다시 말했다.

"근처의 수사관들을 모두 이쪽으로 오라고 하고, 혹시 창문 등을 통해 도주할 수도 있으니까 철저하게 예상되는 도주로를 봉쇄해야 해. 이번에 검거를 하지 못하면 다시 잡기가 매우 어려워지게 돼. 잠시 동정을 살피다가 신호를 보내면 그때 일시에 집 안으로 진입하는 거야. 나하고 김 수사관이 용의자를 검거할게."

큐가 무전으로 수사관들의 담당 위치를 각각 정해 주고 난 뒤 김 수사관과 함께 용의자의 지하방 문 앞으로 내려갔다. 문을 두드렸지만 아무런 반응이 없었다. 큐가 용의자의 이름을 크게 불렀다.

"황현민 씨, 계세요. 잠시 뵀었으면 합니다."

그제야 방에 있던 용의자가 문을 열고 얼굴을 내밀었다. 큐와 김 수사관이 순식간에 문을 열고 들어가 그를 제압해서 수갑을 채웠다.

"아니, 왜 이러십니까? 당신들 누구예요? 내가 무슨 잘못을 했다고 이러는 겁니까?"

용의자는 완강하게 저항하며 큐와 김 수사관의 손아귀를 뿌리치려 했지만 무술로 단련된 두 사람의 힘을 당할 수가 없었다.

"황현민 씨, 김기태 씨 살인 사건에 관하여 조사할 것이 있습니다. 당신은 택시 기사 김기태 씨의 살인 사건의 유력한 용의자입니다. 수사에 협조해 주시기 바랍니다."

김기태 씨의 어깨를 누르며 큐가 말했다.

"어휴, 이거 며칠 만이야! 진작 좀 나타나시지. 그 고생을 다 시키고 나타나시니. 나 참!"

앤이 중얼거렸다.

그러나 불확실한 CCTV 사진만으로 범인이 황현민 씨라고 단정하기에는 매우 불안한 상황이었다. 본인이 아니라고 끝까지 버티면 달리 범인임을 입증할 만한 증거가 없었기 때문이다. 또 다른 증거물을 확보하기 위하여 앤과 큐는 급히 압수수색 영장을 발부 받아 용의자의 집 안에 대한 압수수색을 시작하였다. 앤은 황현민 씨가 입고 있던 옷과 양말, 신발 등을 모두 수거하였다. 그의 옷들은 모두 깨끗하게 세탁이 된 상태였으며, 운동화도 모두 잘 빨아 놓아 말끔하였다. 큐는 자세한 수사를 위해 황현민 씨를 사무실로 데려가고, 김 수사관은 증거물들을 들고 국립과학수사연구소로 향했다. 김 수사관은 혈흔 검출 여부 결과를 지켜 보고 사무실로 돌아오기로 하였다.

국립과학수사연구소에 도착한 김 수사관이 연구원에게 물었다.

"박사님, 이렇게 깨끗하게 세탁한 옷에서도 혈흔이 검출될 수 있습니까?"

"글쎄요, 루미놀 시험을 해 봐야 합니다. 아무리 세탁을 잘해도 허리의 두꺼운 부분 등에서는 세척이 모두 되지 않고 혈흔이 남아 있을 수 있습니다. 루미놀이 워낙 예민한 시약이어서 웬만한 혈흔은 다 잡아내거든요. 그럼 가지고 오신 것들로 루미놀 시험을 해 보지요."

연구원은 수거한 옷을 꺼내서 시험대 위에 펼쳤다.

"수사관님, 이 옷들은 너무 깨끗하게 세탁이 되어 있습니다. 흔적은 아예 찾을 수가 없겠군요."

연구원이 혈흔 검출 검사를 하기 위해 암실의 불을 껐다. 김 수사관도 같이 들어가 검사 과정을 지켜보았다. 우선 옷부터 루미놀 시험을 하였다. 여러 개의 옷을 모두 시험했지만 혈흔 반응은 전혀 나타나지 않았다.

"수사관님, 이 시험은 거의 하나마나일 것 같습니다."

마지막으로 양말과 신발 등이 남았다. 양말을 놓고 루미놀 시약을 뿌리는 순간 매우 희미한 혈흔 반응이 나타났다.

"박사님, 이거 혈흔은 아닙니까? 뭔가 형광이 나오는데요."

"네, 약하게 혈흔 반응이 있는 것 같은데 너무 희미해서 지금 뭐라고 말씀드릴 수는 없습니다. 이것 가지고는 추가로 시험하는 데 무리가 있어 보입니다. 나머지에 대해서 시험을 계속하지요. 신발도 육안으로 보아서는 혈흔이 전혀 보이지 않네요……."

연구원이 고개를 갸웃거리며 말했다. 그리고 의심이 가는 흔적들을 잘라서 필터 페이퍼 위에 놓고 혈흔검출시험(LMG시험)을 하였다. 하지만 모두 혈흔 반응이 나오지 않았다.

"박사님, 저 신발 밑창 같은 데에 혹시 묻어 있을 수 있지 않을까요?"

한참을 지켜보던 김 수사관이 말했다.

"네, 그렇지 않아도 신발을 뜯어서 모두 시험해 보려고요. 깔개 밑 등도 철저하게 시험을 해 보아야겠어요."

연구원이 신발을 해체하기 시작했다. 순식간에 신발 밑창이 분리되고 곧 신발의 밑바닥이 드러났다. 해체된 신발 조각 하나하나 모두 빠짐없이 혈흔검출시험을 해 나갔다. 일부에서 혈흔 반응이 약하게 나타났지만 모두 너무 약한 반응이었다.

"이 정도로는 아무것도 할 수가 없을 것 같습니다. 혹시 모르니까 신발 전체에 대해서 루미놀 시약을 뿌려 보겠습니다."

연구원이 분리된 신발 조각을 한꺼번에 펼쳐 놓고 불을 껐다. 그리고 루미놀 시약을 분사하였다.

"어! 어! 어! 이거 뭐야. 어디지? 수사관님, 불 좀 켜 주세요."

연구원의 고함과 함께 김 수사관도 흥분하며 연구원이 말한 그곳으로 시선을 집중시켰다.

두 사람은 탄성을 내질렀다

김 수사관이 불을 켰다.

"아하, 이 부분이었구나. 와, 신발끈이라고는 전혀 생각을 못했는

실제 사건 현장에서 발견된 신발

데! 참, 신기합니다.”

“네, 정말 대단합니다. 어떻게 이 부분에서…….”

두 사람은 흥분된 감정을 누르지 못한 채 신발 끈의 끝 부분을 자세히 들여다보았다.

연구원이 여전히 흥분된 상태로 말했다.

“용의자가 신발을 빨았지만 저 부분만은 필름으로 싸여져 있어서 닦여 나가지 않고 혈흔이 스며들어가 남아 있었던 것이군요. 정말 짜릿합니다. 이제 이것이 사망자의 유전자형과 일치하기만 한다면 이 사람이 범인임이 분명해지겠군요. 빨리 유전자분석을 해야겠습니다.”

“네. 정말 신기할 따름입니다.”

두 사람은 신발 끈의 끝 부분을 번갈아 들여다보며 달아오른 흥분을 억누르지 못했다. 운동화의 신발 끝 부분의 필름으로 말아 놓은 부분 안쪽에서 혈흔이 소량 검출된 것이다. 필름 안쪽으로 한번 스며들어간 혈액이 세탁을 하는 과정에서도 닦이지 않고 남아 있었던 것이다. 김 수사관은 아무도 생각조차 못한 곳에서 발견한 혈흔으로 결정적인 단서를 얻을 것이라는 기대를 하면서 연구원에게 빠른 감정을 부탁하고 사무실로 돌아갔다.

 유전자분석 결과

김 수사관이 사무실로 돌아와 국립과학수사연구소에서 실시한 루미놀 시험 결과를 설명하였다. 사무실에서는 용의자에 대한 조사가 계속되고 있었다. 큐가 매우 피곤한 눈치였다. 그동안의 조사가 쉽지 않았다는 것을 간접적으로 얘기하고 있는 듯하였다.

"김 수사관님, 혈흔 검사 결과는 어떻습니까?"

큐가 국립과학수사연구소에서 돌아온 김 수사관에게 물었다.

"네, 옷 등에서는 혈흔이 전혀 검출되지 않았는데 양말과 신발에서 매우 약한 혈흔 반응이 있었습니다. 무엇보다 신발을 묶는 끈 끝에서 혈흔 반응이 있어서 바로 유전자분석에 들어가기로 했습니다."

"아, 그래요! 잘됐습니다. 유전자분석 결과에 큰 기대를 해야겠군요. 용의자가 전면적으로 범행을 부인하고 있어서 힘들어 혼났습니다. 일단 혈흔이 검출된 것도 의미가 있으므로 그 부분에 대해 좀 더 추궁을 해야겠습니다."

반가운 소식에 한결 표정이 좋아진 큐가 말했다.

큐가 어렵게 검거한 용의자 황현민 씨에게 다시 물었다.

"황현민 씨. 당신의 신발에서 혈흔이 검출되었어요. 신발뿐 아니라 양말에서도 혈흔이 검출되었습니다. 이제 범행 사실을 인정하고 자백을 하시지요?"

"아, 그거요? 그전에 제가 발가락에 물집이 잡혀서 피가 좀 난 적이 있었거든요. 아마 그때 묻은 것 같습니다."

"참 나, 거짓말을 계속하시겠습니까? 그런데 어떻게 신발 끈의 끝

부분에서 혈흔이 검출됩니까? 꽤 많은 피가 신발에 묻었다는 것인데요. 유전자분석을 하면 바로 알 수 있는데, 계속 그렇게 우기실 겁니까?"

"……."

황현민 씨는 대답을 하지 못하고 눈을 이리저리 굴렸다.

"자, 오늘은 이만하고 내일 봅시다."

날이 밝았다. 유전자분석 결과가 나오기까지는 시간이 걸리기 때문에 보강 수사를 하는 차원에서 황현민 씨의 주변과 사건 발생 당일 휴대전화 통화 내용을 조사했다. 사건이 일어난 장소에서 시신이 발견된 장소까지는 꽤 거리가 있기 때문에 분명히 누군가의 도움이 없으면 그곳으로 시신을 옮길 수가 없었다.

용의자의 휴대전화 통화 내용 조사 결과 황현민 씨의 친구인 강 모 씨와 사건이 일어난 시간 전후로 통화를 많이 한 것으로 나타났다. 따라서 강 씨를 사건을 공모한 유력한 혐의자로 보고 검거에 나서기로 했다. 전담반이 그의 집으로 급파되었다. 하지만 예상대로 강 씨도 집에 있지 않았다. 또다시 잠복에 들어갔다.

이틀이 지났다. 큐가 국립과학수사연구소의 연구원으로부터 전화를 받았다. 연구원은 흥분된 목소리로 감정 결과를 설명했다.

"신발 끈의 끝을 갈라서 조심스럽게 혈흔 채취를 한 다음 바로 유전자분석을 실시하였습니다. 혈흔의 양이 워낙 적어서 좋은 결과를 얻을 수 있을지 걱정도 많이 했습니다. 더군다나 다른 확실한 증거물이 없다고 해서 저도 스트레스를 좀 받았습니다. 다행스럽게도 결과는 잘 나왔습니다. 변사자의 유전자형과 일치합니다."

"박사님, 감사합니다. 정말 조마조마했는데 결과가 바라던 대로 나와서 다행입니다. 정말 결정적인 단서입니다. 용의자도 이제는 꼼짝 못할 겁니다. 고생이 많으셨습니다."

큐가 매우 흥분했는지 큰 소리로 말했다.

"저도 속이 후련합니다. 워낙 양이 적어서 시험이 제대로 될지 걱정을 많이 했습니다. 좋은 결과가 나와서 참 다행입니다."

"네, 항상 최선을 다해 도와주셔서 감사합니다."

전화를 끊자마자 다시 용의자를 추궁하기 시작했다.

"황현민 씨, 국과수의 유전자분석 결과가 나왔어요. 당신의 신발에서 검출된 유전자형과 변사자 김기태 씨의 유전자형이 일치합니다. 무슨 뜻인지는 아시겠지요? 바로 당신이 김기태 씨를 살해했다는 증거입니다. 어째서 황현민 씨와 얼굴 한번 본 적 없는 김기태 씨의 피가 당신의 신발에서 나온 것일까요? 자, 이제 사실대로 말하세요."

"……."

아무 대답도 하지 않고 있던 용의자 황현민은 결정적인 증거가 제시됨에 따라 그제야 순순히 자신이 저지른 범행 사실을 자백하기 시작하였다.

그 사이에 그동안 잠복하고 있던 수사관들이 용의자의 친구 강 씨를 검거해서 사무실로 데리고 들어왔다.

“자 모든 것이 이제 끝났군요. 범인이 모두 잡혔습니다.”

큐가 큰 소리로 말했다.

“황현민 씨, 저 친구하고 공모를 한 게 맞지요?”

“네…….”

그가 체념한 듯 기어들어가는 목소리로 범행 사실을 시인했다.

“죽일 생각은 전혀 없었습니다. 저 친구하고 돈이 궁해서 택시에 현금이 있을 것이라 생각하고 그냥 돈만 빼앗으려고 했는데……. 그 사람이 너무 완강하게 우리 옷을 잡고 저항하는 바람에 할 수 없이 그만…….”

“할 수 없이요?”

“그냥 정신만 잃게 하려고 했는데……. 지갑을 빼앗고 위협을 해서 비밀번호까지 알아내기는 했지만 그가 계속 반항을 해서…….”

“그런데 시신은 어떻게 강가까지 옮겼습니까?”

“그가 더 이상 반응하지 않아 죽은 것으로 생각하고 버리기로 했습니다. 그래서 그 사람을 조수석으로 밀어 넣고 강변으로 가 그곳에 옮겨 놓았습니다. 택시는 강가에서 좀 떨어진 곳에 버리고 갔습니다.”

“택시를 버린 곳이 처음 피해자를 때린 그 장소가 아닙니까?”

“잘 모르겠습니다. 그냥 오던 길을 되돌아 나가 한적한 곳에 버리고 도망갔습니다. 그리고 자취방으로 와서 옷과 운동화를 세탁기에 넣고 세탁했습니다. 그 뒤 그의 지갑에서 현금지급카드를 꺼내 동네 은행에서 현금을 인출했습니다.”

"앤, 그런데 도깨비바늘이 차량 근처에 있었는데 이것은 어떻게 된 거지?"

"사실 그 택시 기사가 도망가려는 것을 다시 잡아왔습니다. 그때 주위에 있던 도깨비바늘이 그 사람 옷에 붙었을 겁니다. 그 주위에 그런 풀들이 있었던 거 같아요. 제 옷에도 붙어 있어서 한참을 떼 냈습니다."

앤과 큐는 친절하게 설명까지 하는 범인을 내려다보며 씁쓸한 웃음을 지었다.

금융기관 계좌 입출금 내용은 어떻게 알 수 있을까?

　　본인의 계좌에 대한 입출금 내용은 본인임이 인정된 경우 은행 또는 사이버 상에서 언제든지 입출금 내용을 확인할 수 있다. 하지만 다른 사람의 계좌를 확인할 경우 본인의 위임을 받은 것이 입증될 때에만 허용된다. 한편 범죄 또는 부정과 관련이 있어 입출금 내용을 확인해야 하는 때에는 법원에 의심이 가는 계좌에 대한 압수수색 영장을 청구한다. 이렇게 정당성이 입증된 경우 압수수색 영장이 발부되어 계좌의 입출금 내용을 확인할 수 있다.

CCTV는 어느 곳이든 자유롭게 설치할 수 있을까?

　　CCTV는 Closed Circuit TeleVision의 약자이다. 현재 우리나라에는 불법 주정차 단속, 과속 단속, 범죄 예방 등의 목적으로 곳곳에 CCTV가 설치되어 있다. 최근 CCTV 설치가 급격히 증가하고 있다. 이러한 급격한 증가는 교통질서 확립, 범죄 예방

및 범인 검거에 많은 효과를 보고 있지만 효과만큼 부작용도 많다. 실제로 개인의 사생활 침해 사례가 매년 급증하고 있다. 따라서 이러한 부작용을 막을 목적으로 1994년에 제정된 공공장소에 대한 CCTV 설치를 엄격하게 제한하는 법률이 있다. 이 법률은 2007년

5월 17일 법률 제8448호로 국민의 개인적 정보의 보호를 강화하는 내용으로 법제명 변경 및 일부 개정되어 시행되고 있다. 개정된 법률에 따르면 CCTV 설치는 범죄 예방과 교통 단속 등 공익을 위해 꼭 필요한 경우에만 설치할 수 있도록 하였으며, 사전에 지역주민 등 직접적인 영향을 받을 수 있는 사람들의 동의를 반드시 받도록 하였다. 또한 설치 시에는 쉽게 알 수 있도록 설치 목적, 촬영 범위, 촬영 시간 등의 내용을 담은 안내판도 함께 설치하도록 하였다. 설치 후에도 카메라의 임의 조작과 녹음기 기능을 금지하였으며, 설치한 목적 이외의 촬영은 하지 못하도록 하였다. 부정한 목적으로 이러한 사항을 위반한 경우 2년 이하의 징역이나 700만 원 이하의 벌금이 부과된다.

도로에 설치된 CCTV

안내
2
예금
대기표
1
적금

365

CASE 3
권총 강도 사건의
범인을 추적하라 !

사건의 주요 내용

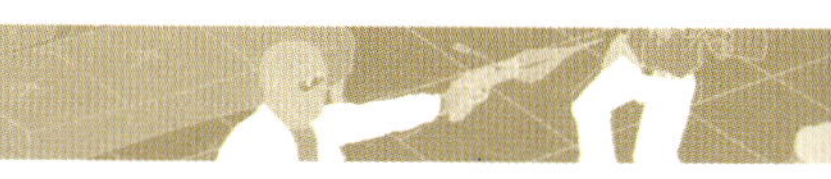

　　사건이 발생한 곳은 경기도의 소도시 파주읍 소재 A은행 지점. 업무를 막 시작할 무렵, 복면을 한 권총 강도가 경비원을 총으로 쏘아 숨지게 하고 돈다발을 챙겨서 도주한 사건이 발생하였다.

　　범인은 검은색 복면을 하고 가죽 장갑을 끼고 있었다. 범인은 겁을 주기 위해서인지 천장에 권총 한 발을 쏘며 은행에 들이닥쳤다. 이 과정에서 은행 경비원이 가스총을 쏘았지만 오히려 권총 강도가 쏜 총알에 가슴을 맞고 쓰러졌다. 경비원은 권총 강도가 도주한 즉시 병원으로 옮겨졌지만 출혈 과다로 안타깝게 사망하였다.

사건 발생

　　경기도의 한 소도시에 있는 A은행 지점에 권총을 소지한 무장 강도가 들이닥쳤다. 입구에서 은행을 경비하던 청원경찰이 무장 강도의 뒤를 쫓아가 무장 강도를 제압하려 했지만 무장 강도가 쏜 총에 가슴을 맞고 쓰러졌다. 무장 강도는 곧장 창구 앞으로 가서 창구 직원을 위협하여 자루에 현금을 넣을 것을 요구하였다. 급하게 돈다발을 챙긴 무장 강도는 은행을 빠져나가면서 다시 한 발을 천장에 발사하고 미리 밖에 세워 둔 차를 타고 도주하였다. 경비원은 무장 강도가 도주한 즉시 병원으로 옮겨졌지만 출혈 과다로 사망하였다.

"큐, 큰일 났어. 은행 무장 강도 사건이 발생했어. 그것도 한 명이 사망했다는 신고야."

신고를 받은 수사진에 비상이 걸렸다.

"전원 출동이야!"

앤과 큐는 전 수사진과 함께 사건 현장으로 신속하게 출동하였다.

인근 경찰서에서 수사관들이 신고를 받자마자 은행으로 출동하였지만 무장 강도를 현장에서 검거하는 데에는 실패하였다. 앤과 큐는 인근 지역에 즉시 비상령을 내리고 주변의 교통을 차단하면서 일일이 검문검색을 실시하는 등 무장 강도 검거에 나섰다. 그러나 어디에서도 무장 강도를 잡았다는 소식은 들려오지 않았다.

"무장 강도를 지금 잡지 않으면 제2의 범행이 일어날 수도 있을 텐데. 큰일이야."

큐가 근심스러운 표정을 지으며 말했다.

"바로 잡힐 거야. 신고를 받자마자 출동했으니까 범인이 멀리 가지 못했겠지."

앤도 애써 태연한 척 말했다.

사건 현장인 은행에 대한 수사가 진행되었다. 그때까지도 현장에는 화약 냄새가 여전히 코를 자극하고 있었다. 은행 물건들이 여기저기 쓰러져 있었으며, 은행에 대한 외부인 출입은 철저히 통제되고 있었다. 경비원이 쓰러진 곳에는 피가 흥건히 고여 있었다. 먼저 큐는 무장 강도가 침입한 경로와 무장 강도의 인상착의에 대해 은행 직원들의 진술을 들어 보기로 했다.

"그때 상황을 좀 말씀해 주세요."

큐가 무장 강도와 가장 가까이 있었던 창구 직원들에게 사건이 일어나던 때 상황을 물었다.

"그러니까 업무를 막 시작하려고 서류를 꺼내는 순간이었어요. 점퍼를 입고 복면을 쓴 강도가 은행 문을 열면서 갑자기 총을 한 발 쏘는 거예요. 그러면서 창구로 들이닥쳤습니다. 경비원이 가스총을 쏘며 쫓아와서 강도를 잡으려고 했지만 오히려 강도의 총에 맞고 쓰러졌고요. 강도가 모두 엎드리라고 하면서 고개를 들면 죽인다고 위협했습니다. 느닷없이 당한 일이어서 아무도 대응을 하지 못했습니다. 강도가 은행 문을 나설때 누군가가 비상벨을 눌러 경찰이 출동했지요. 하지만 이미 그때는 강도가 도주를 하고 난 뒤였습니다.”

“무장 강도의 인상착의는 어떠했습니까?”

“복면을 쓰고 있어서 잘 보지는 못했습니다. 갑자기 닥친 일이라 옷밖에 기억나지 않아요. 검은색 점퍼에 청바지를 입고 있었습니다.”

앤과 큐는 무장 강도의 인상착의와 현장 조사에 대한 진행 상황을 본부에 보고하고 현장에 대한 정밀 조사를 계속하였다.

우선 무장 강도가 사용한 총기의 종류를 알기 위하여 탄피와 발사된 탄두를 찾는 데 수사력을 기울였다. 경비원에게 발사된 탄피는 경비원이 총을 맞은 근처에서 쉽게 발견할 수 있었다. 무장 강도가 은행 안으로 들어오면서 쏘았다는 처음의 한 발에 대한 탄피는 출입문 근처에서, 탄두는 구멍이 뚫린 천장을 뜯어내어 찾을 수 있었다. 사용한 총기의 종류를 알기 위해서 먼저 국립과학수사연구소에 탄피와 탄두를 보내 의뢰를 하였다. 총기 종류는 총이 어떤 경로를 통하여 누구에게 흘러들어 갔는지를 알 수 있기 때문에 범행을 저지른 범인을 추적하는데 있어서 매우 중요했다.

탄피와 탄두는 무엇일까?

총알은 크게 탄피와 탄두로 나눌 수 있다. 탄피는 탄두의 추진력을 얻기 위한 화약이 들어 있는 부분이다. 즉, 탄두를 밀어내고, 화약이 소진되어 남겨진 부분을 탄피라고 한다. 탄두는 총알의 앞부분에 있는 것으로, 폭발력에 의해 실제로 목표물에 날아가는 부분을 말한다.

탄두와 탄피

은행 바닥에 남겨진 신발 자국을 살피던 큐가 말했다.

"앤, 저기 신발 자국 흔적을 드러나게 할 수 없을까? 증거가 될 수도 있잖아."

"거의 불가능할 것 같아. 자국이 너무 희미하고 여러 사람의 신발 자국이 함께 섞여 있어서 도무지 알 수가 없어. 지문도 크게 기대를 할 수는 없을 것 같아. 창구 직원들의 설명에 따르면 무장 강도가 가죽 장갑을 끼고 있었다고 했거든."

앤과 큐는 사건 현장에서 무장 강도와 관련된 정보를 찾기 위하여 범인의 신발 자국은 있는지, 범인의 지문은 남아 있는지, 몸에서 떨어진 모발 등은 있는지 여부를 정밀하게 조사하였다. 하지만 정밀한 검사에도 불구하고 이들 모두를 찾는 데 실패하였다. 시간이 촉박했다. 근처에 있던 사람들을 대상으로 탐문 수사를 벌여 혹시 범행 차량을 목격한 사람은 있는지, 밖에 설치돼 있는 폐쇄회로 CCD 카메라에 무장 강도의 모습은 찍혀 있는지를 조사해야 했다.

　먼저 당시 범행 차량의 주위에 있던 사람들을 대상으로 범행 차량의 목격자가 있는지 조사했다. 다행히 근처에서 노점상을 하는 사람이 범행 차량을 목격하였다고 했다. 목격자는 차량이 검은색 승용차였으며, 한 명이 차 안에 타고 있는 것은 보았지만 차량 유리의 진한 선탠 때문에 세세한 것은 보지 못했다고 진술했다. 은행으로 들어간 지 몇 분 되지 않았는데 무슨 자루를 들고 황급히 뛰쳐나와 차에 타자마자 사라졌다는 것이다.

공공장소에 설치된 감시 카메라의 역할을 알아보자!

　공공장소에 설치되는 감시 카메라의 종류는 사용 목적에 따라 매우 다양하다. 가장 흔한 것이 우리가 매일 도로에서 만날 수 있는 교통단속 카메라이다. 교통단속 카메라는 과속 단속, 신호 위반 단속, 주차 위반 단속, 버스 전용차로 위반 단속, 도난 또는 수배 차량 식별 등 교통질서 확립을 위한 목적으로 설치된다. 또한 범죄 예방을 위해서 각종 시설물에 감시 카메라가 설치되어 있다. 감시 카메라는 치안 취약 지역인 거리, 지하 주차장, 우범지역, 현금자동지급기가 있는 곳, 현금을 많이 다루는 은행 또는 판매 업소 등에 설치하여 범행을 예방하는 효과를 거둘 수 있다. 또한 범행이 일어난 경우 범인을 식별하는 데 매우 중요한 역할을 한다. 이 밖에도 쓰레기 불법 투기 행위 및 노상 방뇨 등 경범죄 단속, 개인의 시설물 또는 재산을 관리하기 위한 감시, 백화점 등의 판매점에서의 도난 방지 등의 목적으로 셀 수 없는 감시 카메라가 우리 주변 곳곳에 설치되어 있다. 그러나 감시 카메라의 설치 및 사용은 법으로 명확하게 규정되어 있어 절차를 거쳐 반드시 필요한 곳에만 설치할 수 있으며, 설치 목적 외에는 사용할 수 없다.

“그렇다면 무장 강도는 2인조인 것 같아. 수색조한테 모두 전해 주고, 우리는 다시 폐쇄회로에 무장 강도의 얼굴이 찍혔는지 녹화된 화면을 분석하기로 하자.”

큐가 앤에게 말했다.

큐는 출입구 쪽 감시 카메라에 무장 강도의 얼굴이 찍혔는지를 검색하기 시작했다.

“앤, 이거 봐. 출입구 쪽 카메라하고 내부에 설치된 카메라에 무장 강도의 얼굴이 찍혀 있어. 사건 당시의 상황도 그대로 찍혀 있고. 복면을 하고 있어서 제대로 알아볼 수는 없지만 무장 강도의 얼굴 윤곽만으로도 무장 강도의 키나 체격 등 다른 정보를 알 수 있을 것 같아. 빨리 국과수에 의뢰해서 무장 강도와 관련된 정보를 확보해야겠어. 그안에 무장 강도가 잡히면 다행이고.”

사건 현장에 대한 조사도 거의 마무리되고 있었다. 시간은 벌써 정오를 한참 넘기고 오후 3시를 향해 달려가고 있었다.

“밥 먹고 합시다! 아이고, 배고파.”

큐가 녹화 테이프를 들고 일어나며 말했다.

“점심시간이 지나가는 줄도 몰랐어. 하도 정신이 없다 보니……. 아이고, 나도 배고프다.”

앤이 고개를 흔들며 일어났다.

점심 식사 뒤, 중간 결과를 본부에 보고한 앤과 큐는 채취한 증거물분석이 매우 시급하다고 판단하고 직접 증거물을 들고 국립과학수사연구소로 향했다.

“박사님, 뉴스에서 보셨겠지만 은행 무장 강도 사건이 일어났습니다. 지금 검문검색을 하고 있는데 범인은 잡히지 않은 상황입니다. 은행 감시 카메라에 찍힌 무장 강도의 모습이 담긴 영상물을 보세요. 복면을 했는데 여기서 무장 강도를 식별할 수 있을까요? 무장 강도가 검거되면 이 영상물과 비교도 해야 하고, 무장 강도가 이미 포위망을 뚫고 도주했다면 무장 강도를 식별하는 데 중요한 자료가 될 수 있을 것 같습니다.”

“물론 무장 강도의 윤곽을 알 수 있고 대략의 키도 추정할 수 있을 것 같아요. 하여튼 최선을 다해서 무장 강도와 관련된 정보를 찾도록 해 보겠습니다.”

의뢰를 마친 앤과 큐가 무장 강도가 사용한 총기의 종류를 알아 내기 위해 총기분석실로 향했다.

“박사님, 은행 무장 강도 사건에 사용된 총기가 어떤 종류인지 결과가 나왔는지요?”

“네, 그거요. 탄두와 탄피로 보아서는 국내에서 생산되는 총이 아닙니다. 밀수입된 권총의 일종인 것으로 보입니다.”

무장 강도의 차량 발견

시간은 벌써 오후 4시를 넘어서고 있었다. 아직까지 무장 강도를 검거했다는 소식은 없었다. 매 시간 은행 무장 강도 사건 내용의 속보가 톱뉴스로 보도되고 있었다. 뉴스에서는 이번 사건에서 추가적인 범행

이 매우 우려되는 상황이므로 인근의 주민들은 외출을 삼가라는 내용까지 담고 있었다. 또한 무장 강도가 타고 간 차량과 폐쇄회로에 찍힌 무장 강도의 옷차림 및 인상착의 등이 일제히 방영됐지만 결정적인 제보가 접수된 것은 없었다.

모든 상황이 긴박하게 돌아가고 있는 가운데, 한 수색조가 사건 현장으로부터 약 50km 떨어진 외딴 마을에서 용의 차량을 발견했다. 그리고 잠시 후 사건 현장에서 약 10km 떨어진 하천변에서 무장 강도가 버린 것으로 보이는 총기를 발견했다는 연락이 들어왔다. 총기 주위에서 무장 강도가 착용한 것으로 보이는 복면도 함께 회수되었다. 무장 강도들은 벌써 포위망을 벗어나 잠적한 듯했다. 이 소식을 접한 수사진은 점점 초조감을 감추지 못하고 전전긍긍할 뿐이었다. 수색조는 즉시 차량을 발견한 곳을 중심으로 포위하다시피 산을 에워싸고 물샐틈없는 수색을 실시하였다. 그러나 밤을 새워 가며 진행된 수색에서도 무장 강도 일행은 잡히지 않았다.

"다른 곳에서는 소식이 없어?"

초조한 듯 큐가 물었다.

"응, 없어. 일단 발견된 총과 복면 등을 국과수로 보내고, 용의 차량 소유주와 차량에 대해 수사할 수밖에."

밤새 검문검색이 도주로를 중심으로 실시되었지만 아침이 밝도록 무장 강도는 검거되지 않았으며, 예상 도주로조차 묘연해졌다. 날이 밝자 목격자를 찾기 위해서 탐문 조사도 병행되었다. 발견된 차량의 차적을 조회한 결과 도난 차량인 것으로 밝혀졌다. 은행에서의 목격자 진술 등으로 미루어 이번 범행에 사용된 차량으로 판단되었다. 차는 정밀한 감식을 위하여 견인차로 국립과학수사연구소에 보내졌다.

며칠이 지나도록 무장 강도가 검거되지 않자 앤과 큐를 비롯한 수사진 모두가 지치기 시작하였다. 다행히 무장 강도가 사용한 것으로 보이는 총과 차량이 발견되어 제2의 범행이 일어나지는 않았지만, 무장 강도들이 언제 다시 추가 범행을 저지를지 몰라 긴장을 늦출 수가 없었다. 그 사이에 국립과학수사연구소에 보낸 증거물들에 대한 감정이 신속하게 이루어져 그 결과가 모두 통보되었다.

총기 발사흔 감정 결과

앤과 큐가 의뢰한 총기와 탄환, 복면, 장갑, 차량 등에 대한 감정이 신속하게 진행되었다. 또한 현장에서 수거된 탄두와 탄피가 도주로로 추정되는 곳에서 발견된 총기에서 발사된 것인지 확인하는 작업과 현장에서 수거된 탄두 및 탄피와 도주로에서 발견된 총기의 감정이 동시에 진행되었다.

그 결과 현장에서 발견된 탄두 및 탄피의 발사흔과 발견된 총기의 발사흔이 동일하게 나타났다. 즉, 도주로에서 발견된 총기가 범행에 사용된 권총임이 확인된 것이다.

총기 발사흔 감정이란?

총에서 총알이 발사되면 탄두에는 총구 내부에 있는 강선의 영향으로 강선흔이 형성되고, 탄피의 뒤에는 격침흔이 형성된다. 이를 총기 발사흔이라 하는데 동일한 총기에서 발사된 탄두 및 탄피의 강선흔과 격침흔은 동일한 특성을 보인다. 따라서 용의자가 소지한 총이 실제로 범행에 사용되었는지 여부를 판단해야 할 경우 총기 발사흔 감정을 실시한다. 총기 발사흔 감정은 용의점이 있는 총기로 직접 시험 발사하여 얻어진 탄두와 탄피를 수거하여 동일성 여부를 감정한다. 총기 발사는 깊이 2m 이상의 물탱크나 길이 2m 이상의 탈지면을 채운 상자에서 실시한다.

총기의 발사 장면

총기의 발사흔을
실험하는 장치

장갑과 복면

장갑, 복면, 권총 등 범행에 사용된 증거물들은 추후 범인임을 단정하는 데 결정적인 역할을 한다. 따라서 눈에는 보이지 않지만 범인의 유전자를 발견할 수 있는 증거물의 여러 부위를 채취하여 분석한다. 따라서 무장 강도의 입에 닿았을 복면 안쪽의 여러 부위를 채취하였

으며, 장갑은 안쪽의 천 부분을 몇 군데 채취하여 이에 대해 유전자분석을 실시하였다. 또한 무장 강도가 장갑을 끼고 있었다고는 하지만 범행 이전에 만졌을 경우 무장 강도의 유전자가 남았을 수도 있었다. 앤과 큐는 권총 사용자인 범인을 추정하기 위하여 권총 손잡이를 닦아 유전자분석을 실시하였다.

유전자분석 결과 복면에서 남성의 유전자형이 성공적으로 검출되었다. 따라서 검출된 유전자형은 무장 강도의 유전자형일 것으로 보였으며, 추후 무장 강도가 검거되면 이를 비교하여 범인임을 단정할 수 있을 것으로 생각되었다. 하지만 권총에서 유전자형을 검출하는 데는 실패하였다.

 ## 복면에서도 유전자분석이 가능할까?

현대 수사는 보이지 않는 것과의 전쟁이다. 우발적 범행의 경우 이외에는 범행 수법이 매우 정교한 데다가 증거를 남기지 않기 때문에 우리 눈에는 보이지 않는 감정물이 중요한 증거가 되어 사건을 해결하는 경우가 많다. 복면과 같이 범인의 신체에 접촉된 물건에서는 범인의 흔적이 남아 있을 가능성이 높다. 이러한 감정물이 국립과학수사연구소에 의뢰되면 이 분야의 최고 전문가들이 증거물의 특성에 따라 유전자분석을 진행한다. 복면에는 착용한 사람의 표피 조직이나 침 등이 남아 있어 착용자의 유전자를 추출할 수 있으므로 범인의 유전자형 또한 검출할 수 있다.

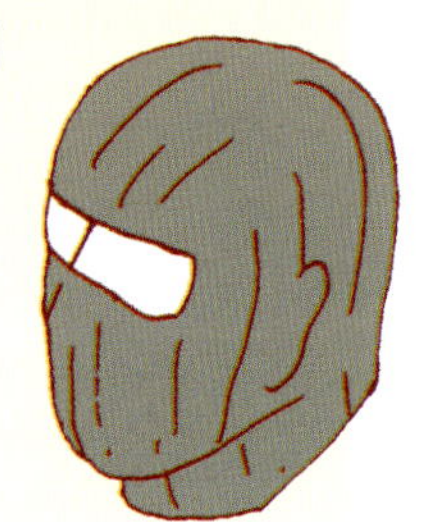

차량에 대한 감정 결과

범행에 사용된 차량에 대하여 정밀 감정이 진행되었다.

차량에서는 다수의 모발과 담배꽁초가 수거되었으며, 무장 강도의 유전자형을 검출하기 위하여 운전대 등에서 채취한 감정물들에 대해서도 유전자분석을 실시하기로 하였다. 앤과 큐는 차량 핸들을 닦아낸 거즈, 운전석 재떨이에서 수거한 담배꽁초 3점, 조수석 발판에서 수거한 모발 3점, 뒷좌석 발판에서 수거한 모발 3점 등에 대하여 유전자분석을 의뢰하였다.

유전자분석 결과 차량 핸들을 닦아낸 거즈에서는 여러 사람의 혼합된 유전자형이 검출되어 누구의 유전자형인지 확인할 수 없었다. 운전석 재떨이의 담배꽁초 3점 중 립스틱이 묻은 담배꽁초 1점에

실제 수집된 담배꽁초

서는 혈액형 B형인 여성의 유전자형이 검출되었으며, 잇자국이 있는 담배꽁초 2점에서는 남성의 유전자형이 검출되었고 혈액형은 AB형으로 확인되었다. 조수석 발판 밑에서 수거된 모발 3점 중 2점에서는 남성의 유전자형, 1점은 여성의 유전자형이 각각 검출되었으며 혈액형은 A형 및 B형으로 반응하였다. 뒷좌석 발판에서 수거된 모발 3점에서는 모두 여성의 유전자형이 검출되었으며 혈액형은 A형이었다. 또한 발견된 모발은 차량 소유주 및 탑승자의 자연탈락 모발일 가능성이 높았다.

이 도난 차량의 주인(여성) 진술에 따르면 자기는 A담배만 피운다고 진술하였다. 앤과 큐는 발견된 담배꽁초 중에 남성이 피운 담배꽁초는 또 다른 공범이 피운 것으로 추정할 수 있었다.

이러한 결과를 종합하면 역시 범인은 1명이 아닌 것으로 판단되었다. 앤과 큐는 은행에 들어가 직접 범행을 한 남성 외에 1명 이상의 공범이 더 있는 것으로 판단하였다.

 ## 담배꽁초도 유전자분석이 가능할까?

담배꽁초에서의 유전자분석은 담배를 피운 사람의 입술이 닿으면서 침이 묻은 부분, 즉 담배의 필터 부분을 사용한다. 필터 표면 종이를 끝으로부터 약 0.5cm를 자른 뒤 이것을 다시 4등분하여 2개는 혈액형분석, 나머지 2개는 유전자분석에 각각 사용한다. 담배꽁초에는 타액(침) 성분이 묻어 있어 혈액형을 검출할 수 있으며, 또한 담배를 피우는 과정에서 피운 사람의 입술 표피세포 및 구강 상피세포가 떨어져 나와 표면에 붙기 때문에 담배를 피운 사람의 유전자형도 검출할 수 있다.

묘연해진 범인의 행방

앤과 큐는 폐쇄회로에 찍힌 무장 강도의 모습을 좀 더 깨끗한 영상으로 만들어서 배포하였다. 무장 강도의 키는 신장분석 프로그램 방법을 통하여 측정하였다. 측정 결과 무장 강도의 키는 170cm 정도 되는 것으로 계산되었다. 나이는 얼굴의 윤곽 등으로 미루어 30대 초반의 남성으로 보였다. 이러한 결과를 종합하면 무장 강도는 30대 초반의 나이에 신장 170cm 정도인 남성으로 추정되었다.

증거물들에서 분석 결과가 나오고 범인의 윤곽이 다 드러났는데도 불구하고 무장 강도는 검거되지 않고 있었다. 수사본부도 이제는 장기

체제로 개편하고 전담팀을 구성하였다. 앤과 큐는 처음부터 차분하게 다시 짚어 나가기로 했다. 이제 무장 강도는 어느 곳에 있는지조차 가늠할 수 없는 상태가 되었다. 사건 초기의 대처가 얼마나 중요한가를 말해 주는 사례였다.

"도대체 어디에 있는 것일까?"

큐가 짜증스러운 목소리로 말을 했다.

"우리 능력이 이것밖에 안 되나 보지."

앤의 자조 섞인 말에 모두들 시무룩한 표정을 지었다.

그 후 무장 강도 같다는 사람을 보았다고 몇 건의 신고가 접수되기도 했지만 조사 결과 모두가 허탕이었다.

등산객이 신고한 변사체

모든 사람이 지쳐 갈 무렵에 차량이 버려진 곳으로부터 몇 km 떨어진 야산에서 백골화된 변사체가 발견됐다는 신고가 접수되었다. 비가 와서 흙이 쓸려 내려가 옷가지가 드러나고 변사체의 일부가 노출되어 있었다. 이를 발견한 등산객이 가까이 가서 보고 사람의 사체로 확인되어 신고한 것이다.

"이건 뭐야, 살인 사건이야? 정말 정신 못 차리게 사건이 터지는군."

"이번엔 무슨 사건일까? 빨리 출동하자!"

앤과 큐는 서로를 쳐다보며 기막히다는 듯이 말했다.

현장에는 미리 도착한 수사관들이 있었다. 변사체는 반쯤 흙에 덮여 있었고, 수사관들이 흰 천으로 가려 놓은 상태였다.

"윽! 냄새야."

변사체를 본 앤과 큐가 뒤로 물러서며 코를 막았다. 부패가 많이 진행된 변사체에서는 냄새가 심하게 났다.

"큐, 이 옷차림 어디서 많이 본 듯한데."

"앤, 참 독하다. 냄새도 안 나?"

"냄새가 문제냐? 저 옷을 자세히 봐. 분명히 그 무장 강도의 옷과 같지 않아?"

"그러고 보니 그러네. 이 사람이 은행 무장 강도 사건의 그 범인이란 말야? 그런데 왜 여기에서 이렇게 있지?"

"빨리 본부에 연락을 하고, 이 사람의 정확한 신원을 확인하자. 그리고 은행 무장 강도 사건 범인의 유전자형과 일치하는지도 확인해야 할 것 같아. 옷도 깨끗하게 세탁해서 확실하게 동일한 것인지를 확인해야 해. 옷 세탁은 큐님이 좀 하시지요?"

"윽! 뭐라고? 하필이면 왜 나야? 나를 또다시 미치게 하는군!"

"할 수 없잖아. 사건을 해결하려면. 하기 싫어? 사건 해결하고 발 뻗고 편히 자고 싶지 않아? 이게 얼마 만의 증거야?"

변사체는 많이 부패되어 육안으로는 신원을 확인할 수가 없었다. 범인이 착용한 옷과 비교하기 위해 은행 폐쇄회로에서 촬영된 사진을 변사체의 옷과 대조하였다. 언뜻 보아서는 비슷해 보이기도 하였지만 옷이 많이 퇴색한 데다가 토양과 나뭇잎에 의해 오염되어 구분하기 어려웠다. 정확한 신원 확인을 위하여 변사체를 국립과학수사연구소로 옮기고, 변사체에서 벗겨낸 의류에서 나온 소지품 등을 조사하였다. 그동안 큐는 변사자가 착용한 옷을 물로 깨끗하게 세탁을 하여 건조시켰다.

변사자의 신원 확인

변사자의 신원을 확인하기 위하여 사체에 대한 부검이 이루어졌다. 변사체 대부분이 부패되어 정확한 사인을 판단하는 데 무리가 있었다. 부검 결과 다른 사인이 될 만한 소견은 나타나지 않았다. 단지 두 곳의 함몰된 부분이 사인과 관련이 있을 것으로 추정될 뿐이었다. 변사자는 누군가에 의해 그곳까지 가서 둔탁한 물체에 의해 맞아 사망한 것으로 추정되었다. 현장에서 변사자를 가격한 것으로 보이는 돌멩이가 변사체 옆에서 발견되었다.

사건 해결을 위해서는 변사자의 신원을 확인하는 것이 무엇보다 급했다. 따라서 우선 변사자에게서 유전자형을 검출하여 사건과의 연관성을 확실하게 밝히고 그가 누구인지를 밝혀내야 했다. 또한 목격자들이 진술한 공범의 검거도 하루속히 이루어져야 했다.

며칠 후 유전자분석 결과가 통보되었다. 유전자분석 결과 변사체에서 검출한 유전자형과 복면에서 검출된 남성의 유전자형이 일치하여 변사자가 은행 무장 강도 사건의 범인임이 확인되었다.

"휴! 은행 무장 강도 사건의 범인이 발견되어서 다행이야. 그런데 이 사람은 잘 도주해 놓고 왜 죽었을까? 이 사람의 신원이 밝혀져야 수사에 탄력이 붙을 것 같아."

"흠, 나머지 한 명은 또 어디로 갔을까?"

앤과 큐가 고민하기 시작했다. 앤은 범인의 옷차림과 신체적 특성을 요약해서 각 관공서에 보냈다. 범인의 가족을 찾는 것이 급선무였다.

며칠이 지나도록 아무런 신고가 들어오지 않았다. 약 일주일이 지나서 한 통의 전화가 걸려 왔다. 제보자는 공개 수배자가 자기가 아는 사람의 아들 같다고 했다.

큐가 가족으로 추정되는 사람에게 전화를 걸었다. 그리고 시신이 있는 곳으로 와서 아들인지 여부를 확인해 줄 것을 부탁했다. 영문도 모르고 달려온 할아버지가 변사자의 옷을 보더니 시신이 자기 아들이 맞다며 흐느꼈다. 범인은 고등학교를 졸업하고 일정한 직업이 없이 지내던 20대 중반의 청년이었다. 정확한 신원 확인을 위하여 할아버지의 구강 상피 세포를 채취해서 국립과학수사연구소에 의뢰하였다.

"할아버지, 이 사람이 확실하게 아드님이라고 확인된 다음에 시신을 인도해 드릴게요. 아직은 아드님이라고 단정할 수가 없어요. 과학적 분석을 거쳐서 확실하게 증명이 되어야 유족에게 인도할 수 있어요. 검사 결과는 금방 나올 거예요."

"아유, 불쌍한 내 새끼. 하나도 제대로 해 주지 못했는데, 이게 무슨 일이래. 막내라서 고이 길렀더니……. 어이구, 이놈아!"

할아버지는 쉽게 자식의 주검 앞을 떠나지 못하고 마냥 울고만 계셨다. 앤과 큐는 차마 할아버지에게 아들이 은행 무장 강도 사건의 범인이라고 말할 수가 없었다.

"앤, 할아버지는 아무것도 모르고 계셔. 요즘 시골에도 모두 TV가 있어서 은행 무장 강도 사건 정도는 알수 있었을 텐데……. 아들이 사건과 관련이 있으리라고는 모르시는 것 같아."

"참 안타까운 일이야. 시신이라도 장사를 지내게 해 드려야 할 것 같아. 이제 마지막 한 가지가 남았어. 공범을 잡아야 해. 시간이 꽤 흘러서 쉽지는 않겠어."

사건 속에 숨은 공범

범인의 신원이 확인됨으로써 수사는 활기를 띠었다. 발 빠르게 공범을 검거하기 위하여 범인의 주변 인물을 중심으로 수사가 진행되었다.

"대개 범행을 공모하는 것은 주위 사람들과 함께 하잖아. 범인의 친구나 동료들을 중심으로 수사하면 금세 공범을 검거할 수 있을 거야."

"그래 맞아. 범인의 고향 마을로 가서 주변 사람들을 수사해 보자."

앤과 큐는 범인의 고향으로 내려가서 그의 고등학교 동창과 마을 친구들에 대해서 수사를 시작했다. 범인의 고향 마을은 수십 가구가 모여 사는 전형적인 농촌 마을이었다. 앤과 큐는 쉽게 범인의 주위 사람들에 대한 행적을 알아낼 수 있었다.

드디어 수사의 실마리가 보이는 듯했다. 큐가 마을 사람들을 대상으로 수사하던 중 범인의 고등학교 친구인 김천일 씨가 한 달 이상 아무 이유 없이 집을 나가 돌아오지 않고 있다는 이야기를 들은 것이다. 김천일 씨의 친구들도 똑같은 이야기를 했다. 범인과 함께 어디를 갔

다 온다고 하면서, 떠나기 전날 술을 마시며 크게 돈을 벌어서 나 보란 듯이 살 것이니 두고 보라는 말을 했었다는 것이다. 앤과 큐는 김천일 씨를 유력한 용의자로 보고 검거에 나섰다. 하지만 김천일 씨의 소재지는 전혀 파악되지 않았다. 휴대전화 통화를 시도하였지만 그마저 끊겨 있어 전혀 연락을 취할 수 없었다. 그의 집으로 가서 가족한테 전화 통화를 한 적은 없었느냐고 물었다. 역시 약 한 달 전에 돈을 벌기 위해 서울에 올라간 뒤로 소식이 끊겼다는 얘기 뿐이었다.

"휴, 이거 공범이 어디에 있는 줄 알고 검거를 하나. 단서라곤 아예 하나도 없으니."

큐가 한숨을 내쉬며 말했다.

"일단 수배 전단을 뿌리고 CSI-TV 공개 수배 프로그램에 자료를 내보내 압박을 하자고."

"그래, 좋은 생각이야. 역시 앤은 나의 호~프(hope. 희망)야."

"맥주?"

공개 수배 프로그램에 김천일 씨가 방송된 뒤, 본부에 전화가 걸려왔다. 자신이 김천일인데 자수를 하면 처벌을 약하게 받을 수 있을지 문의한 것이다. 포위망이 좁혀 들어오고 있음을 느낀 공범이 자수 의사를 밝힌 것이다. 이 기회를 놓칠 리 없는 큐였다. 김천일 씨를 설득하기 시작했다. 얼마를 설득했을까. 김천일 씨는 약 한 시간 뒤에 찾아오겠다는 말을 끝으로 전화를 끊었다.

큐가 재빨리 발신지 추적을 의뢰하였다. 김천일 씨가 전화를 건 장소는 큐의 사무실에서 얼마 떨어지지 않은 곳이었다. 자수하지 않을 것을 대비해 몇 명의 수사관들이 전화 발신지로 급히 파견되었다. 하지만 김천일 씨는 이미 그곳을 떠나고 없는 상태였다. 다시 전화가 올 것으로 기대하고 수사관들은 그곳에서 대기하면서 수상한 사람들을 살폈다.

잠시 뒤 수사관들에게 급한 전화가 걸려 왔다. 바로 앤의 전화였다.

"수사관님들, 그동안 고생이 많으셨습니다 상황 끝입니다! 김천일 씨가 사무실로 자수를 해 왔습니다."

"어휴!"

안도의 숨을 내쉬며 수사관들은 사무실로 돌아갈 채비를 하였다. 드디어 사건이 종결된 것이었다.

한편 변사체로 발견된 범인의 시신은 유전자분석 결과 할아버지와 직계관계가 인정되어 할아버지에게 인도되었다.

김천일 씨에 대한 조사가 진행되었다.

"범행 동기는 무엇입니까?"

"어디 취직도 할 수 없고 배는 고프고 해서 엉뚱한 생각이 들더라고요. 그래서 친구와 같이 딱 한 번만 한탕 해서 멀리 도망가서 살자고 꼬드겼습니다."

"그것이 성공하리라고 생각했습니까?"

"네, 그때는 그랬습니다."

"그 친구는 왜 죽였어요?"

"네, 은행에서 턴 돈을 반씩 나누기로 했는데 그놈이 자기가 직접 은행 안으로 들어갔으니까 더 가져가야 한다고 했습니다. 그래서 다투다가 싸움이 격해져서 그만……. 할 수 없이 그 친구를 묻고 산에서 내려왔습니다."

"은행에서는 어떻게 도주했습니까?"

"은행이 있는 곳의 지리를 미리 잘 익혀 두었습니다. 이면 도로가 있었고 산을 돌아가기 때문에 도주하는 데 가장 좋은 것 같아 그 은행을 턴 것입니다. 그래서 보아 둔 이면 도로를 통하여 무사히 읍내를 빠져나왔습니다. 그리고 다시 범행 전에 보아 둔 비포장 길로 차를 몰아 포위망을 벗어났습니다. 벗어나자마자 권총과 복면 등을 버렸고요……. 경찰의 포위망을 벗어난 것 같아 차량을 버리고 버스를 탔습니다. 버스를 탔지만 의심하는 사람은 아무도 없었습니다. 마땅히 갈 데가 없어서 일단 산속으로 들어가 하룻밤을 지낸 다음 다른 도시로

가려고 했는데 그만 산에서 싸움이 벌어진 것입니다. 그 뒤 저 혼자 산을 내려와 택시를 타고 먼 곳으로 벗어났습니다. 그리고 집에 들어가지 않았고……. 전국을 배회하며 여관 등을 전전하였습니다.”

“자수를 하게 된 동기는 무엇입니까?”

“우연히 수배된 사진을 보았어요. 그러고 나니 모든 사람이 저를 알아보는 것 같아 어디라도 속 편하게 다닐 수가 없었습니다……. 도저히 이대로는 살 자신이 없어 자수를 하기로 결심했습니다.”

김천일 씨의 구강채취물도 국립과학수사연구소로 보내졌다. 그리고 며칠 뒤 김천일 씨의 구강채취물과 이미 분석된 증거물의 유전자 분석과 정확하게 일치한다는 통보를 받았다. 즉, 운전석 재떨이에서 발견한 담배꽁초 중 AB형의 남성 유전자형이 검출된 2점과 정확하게 일치했던 것이다.

“참 오랜만에 해를 보는 것 같아. 너무 힘들게 지나간 두 달이었어.”

큐가 사무실 밖으로 나오다 눈부신 해를 손으로 가리며 말했다.

“정말 끔찍한 일이었어. 이제 좀 쉬자.”

앤이 팔을 저으며 말했다.

“참, 돈의 속성이란 알 수가 없어. 손에 쥐면 마술을 부리는 것 같아.”

“맞아, 사람을 쥐락펴락하는 마술같아.”

우리나라에서 통용되는 총기류는 무엇이 있을까?

총포·도검·화약류 등 단속법 제2조(정의)에서는 '총포라 함은 권총·소총·기관총·포·엽총 등 금속성 탄알이나 가스 등을 쏠 수 있는 장약총포, 공기총(압축가스를 이용하는 것 포함) 및 총포신·기관부 등 그 부품으로서 대통령령이 정하는 것을 말한다'라고 정의하고 있다.

총의 종류(FBI)

총기류를 가지려면 어떤 절차를 밟아야 하나?

우리나라에서 총기류 등은 국민의 안전을 해칠 수 있는 것이므로 이들의 소지를 총포·도검·화약류·분사기·전자충격기·석궁 등과 더불어 엄격하게 법률로 제한하고 있다. 이를 규정한 법률이 총포·도검·화약류 등 단속법(일부 개정 2006.2.21 법률 제7849호)이다. 이 법의 제10조(소지의 금지)에서 '누구든지 …… 허가 없이 총포·도검·화약류·분사기·전자충격기·석궁을 소지하여서는 아니된다'라고 되어 있어 직무상 꼭 필요한 경우, 제조업자 또는 판매업자가 제조와 판매를 위해 소지하는 경우 등 외에는 소지를 엄격하게 금지하고 있다. 총기류를 휴대하기 위해서는 법이 정하는 내용에 따라 관련 절차를 거쳐 휴대 허가를 받아야 한다.

친자 감정은 어떻게 하나?

사람은 누구나 아버지와 어머니로부터 한 가닥씩의 유전자를 받는다. 이러한 사실이 친자를 확인할 수 있는 기본적인 근거가 된다. 특정 부위의 유전자분석을 통하여 공통적인 유전자형을 가지고 있는지를 판단하여 친자인지 아닌지를 판단하게 되는 것이다. 주로 분석하는 것이 핵 DNA와 미토콘드리아 DNA이다. 핵 DNA의 경우 부모로부터 한 가닥씩 받아 유전되지만, 미토콘드리아 DNA의 경우는 어머니로부터만 유전된다. 이는 정자의 경우 미토콘드리아가 정자의 목 부분에 존재하는데, 난자와 정자가 수정 시 정자의 머리 부분만 난자 안으로 들어가기 때문에 결국 정자의 미토콘드리아 DNA가 들어가지 않기 때문이다. 따라서 부모가 모두 있는 경우는 핵 DNA를 분석하여 친자 여부를 판단할 수 있지만 부모가 없는 경우, 즉 형제자매만 있는 경우에는 미토콘드리아 DNA 분석으로 모계가 같은지를 판단하여 같은 부모로부터 태어났는지를 판단할 수 있다. 이러한 친자감정 방법은 여러 분야에 응용되고 있다. 예를 들어 각종 사고로 인하여 신원을 확인할 수 없는 경우 시신과 가족의 유전자분석을 통하여 가족관계 여부를 확인함으로써 신원을 확인할 수 있다.

사건 속에 숨어 있는
1인치의 **과학**

과학수사에 필요한 모발은 어떤 종류일까?

넓은 의미에서 모발은 사람과 동물의 털을 말한다. 동물 중 날짐승(조류)의 털은 깃, 일반 동물의 털은 터럭이라고 한다. 사람의 털은 몸 전체에 난 잔털을 비롯해 머리카락, 눈썹, 수염, 겨드랑이 털, 음모(거웃) 등이 있다. 수사에 필요한 털은 비교적 굵기가 굵은 머리카락, 거웃, 겨드랑이털, 수염 등이다.

CASE 4

자살과 타살의 아슬아슬한 줄타기가 시작된다!

사건의 주요 내용

한 남자가 부인에게 자살을 예고하는 문자를 보냈다. 놀란 부인은 경찰서에 남편의 문자를 신고하였지만 수사관들은 이 신고를 자작극으로 의심하였다. 다음날 자살을 예고했던 남편은 목이 맨 채 싸늘한 주검으로 발견되었다. 그러나 자살이라고 보기에는 의심스러운 부분이 많았다. 수사관 앤과 큐는 남편의 죽음을 조사하기로 하는데…….

사건 발생

앤과 큐에게 다급한 목소리의 신고 전화가 걸려 왔다. 자신을 최희연이라고 밝힌 여성은 다급한 목소리로 남편을 찾아 달라고 요청했다. 남편에게서 "여보, 미안해. 어쩔 수 없었어. 부디 행복해."라는 문자 메시지가 왔다는 것이다. 장난 전화라고 직감한 큐가 시큰둥한 반응을 보였다.

"이거 장난 전화 아냐?"

"그래도 사실을 조사해 봐야지. 하지만 구체적인 근거도 없이 신고를 하다니……. 도대체 우리보고 어떻게 하라는 건지!"

앤이 맞장구를 쳤다.

"요즘 왜 이래! 정말 희한한 사건이 자꾸 일어나는 것 같아. 이거,

거짓말이기만 해 봐!"

　사건 제보가 미덥지 않았지만 신고를 받은 이상 상황을 파악하여 대처해야만 했다. 하지만 신고자의 남편이 전화를 한 장소는 알 수가 없었다. 따라서 남편이 전화를 한 위치를 알아내기 위해 발신지 추적을 조회하였다. 그 결과 경기도 용인시 근처인 것으로 파악되었다. 날이 어두워졌지만 시간을 지체할 수가 없었다. 바로 인근의 수사대에 연락하여 도움을 요청하였다. 앤과 큐도 수사대와 합류하기 위해서 발신지 추정 장소로 떠났다.

　"도대체 이런 허허벌판에서 어떻게 그 사람을 찾지? 다시 신고자에게 전화를 해서 그 사람의 옷차림을 물어봐야겠어."

　앤이 최희연 씨에게 전화를 하였다.

　"남편이 집을 나갈 때 어떤 옷을 입고 나갔습니까?"

　"보통 양복을 입고 나갑니다. 오늘은 감색 양복을 입고 나갔어요……."

　"네, 알겠습니다."

　앤과 큐가 현장에 도착하자 기동대원 20여 명도 이미 도착하여 수색 작업을 벌이고 있었다. 현장 주변은 전형적인 중소 도시의 시골 마을로, 인적이 드문 곳이었다. 앤과 큐도 인근 지역을 밤늦게까지 수색했지만 신고자의 남편은 찾을 수 없었다. 하는 수 없이 모두 현장에서 철수하기로 하였다.

　큐는 최연희 씨에게 전화를 하여 상황을 물었지만 남편으로부터의 전화는 전혀 없었으며, 남편은 집에 돌아오지 않았다고 했다.

　하룻밤이 지나고 아침 일찍 다시 대대적으로 수색 요원들을 투입하여 현장 일대를 수색하기 시작했다. 하지만 점심이 지나고 저녁이 될 때까지 별다른 성과는 거두지 못하였다.

"혹시 자작극 아냐?"

앤이 이상한 느낌이 든다며 말을 꺼냈다.

"맞아, 그 부인이라는 사람 말이야. 신고를 했으면 본인이 뛰어와서 같이 찾아보는 게 맞는 것 아냐? 너무 신경을 안 쓰는 것 같아. 좀 이상하지 않아?"

큐가 신고한 최연희 씨에게 전화를 하여 문자가 도착한 날 남편의 행적을 물었다.

"어제 오전에 남편이 어디에 있었습니까? 아침에 출근은 분명히 했습니까?"

"네. 회사에 출근한 뒤 아침에 회의를 마치고, 지방에 일이 있어서 대전으로 출장을 간다고 했어요. 그런데 서울 외곽에서 느닷없이 그런 연락을 했는지 이해가 안 됩니다. 저녁까지만 해도 집으로 전화를 해서 온다고 했는데 무슨 일이 생긴 것 같아요. 남편은 자살을 할 이유가 전혀 없거든요."

"요새 남편에게 무슨 고민거리라도 있었습니까?"

"회사에 꽤 복잡한 일이 있었다고는 들었습니다. 남편은 회사에서 이사로 재직 중입니다. 그런데 요즘 꽤 힘들어하는 것 같았어요. 하지만 그러한 내색을 할 사람이 아니에요. 그런데 며칠 전 회사 상황이 복잡하게 얽혀서 자기도 어떻게 할 수 없다는 말을 했어요……. 그렇다고 자살까지 생각할 정도는 아니었다고 생각됩니다."

"저희가 최선을 다해서 찾아보겠습니다."

"그 사람은 연락 없이 집에 오지 않은 적이 없거든요. 전화도 안 받는 것을 보면 무슨 일이 있는 것은 분명합니다."

"최근에 남편이 금전적인 상황이나 직장 문제로 고민을 말한 적은 없습니까?"

"남편이 돈 문제로 고민을 많이 한 것은 사실이에요. 하지만 그 문제로 자살까지 결심할 정도는 아닙니다. 그럴 리가 없습니다. 이번에 월급 타면 며칠 여행이나 다녀오자고 했어요. 돈 문제보다 회사일 때문에 무슨 일이 있는 것 같습니다. 진작 눈치를 챘어야 했는데……."

부인에게 사건 당일 상황에 대해 자세하게 물었다. 부인의 말을 들어 보니 남편에게 무슨 일이 있는 것은 분명해 보였다. 부인한테도 얘기할 수 없는 남 모를 고민을 했을 수도 있기 때문이다. 그러나 여전히 그의 행적은 전혀 알아낼 수 없었다.

"자살? 자살을 했으면 시신이라도 발견되어야 하는데 그렇지도 않고……. 무슨 일인지 모르겠네."

"맞아. 도저히 알 수가 없군. 복잡한 문제를 풀기 위해 자살한다고 해 놓고 어디로 잠적한 것 아냐? 혹시 돈 문제 때문에 부인하고 짜고선 이러는 거 아닐까?"

큐가 혼잣말처럼 말했다.

사건은 여전히 혼란스러웠다. 앤과 큐가 수사관들이 모두 모인 저녁 회의에서 그동안의 내용을 점검하였다. 마지막으로 내일 아침 일찍 오늘보다 더 수색 범위를 넓혀 인근 야산에 대해서 수색을 대대적으로 실시하기로 하였다. 남편이 있는 장소가 통화를 한 곳과는 다른 장소일 수가 있기 때문이었다.

목을 맨 채 숨져 있는 사람

신고 이후 두 번째 날이 밝았다. 아무런 진척도 없이 수색만 계속되는 상황이어서 모두가 반신반의하고 있었다. 하지만 실종자는 돌아오지도 않고 연락도 없어 수색을 종결할 수조차 없었다. 좀 더 범위를 넓혀 인근 마을까지 수색하기로 하였다. 반경 10km 이내 마을의 차량이 닿을 만한 곳과 후미진 곳을 모두 수색하였지만 실낱같은 단서도 찾지 못하였다. 그의 차량조차도 발견되지 않았다.

저녁이 다 되어 긴급한 소식이 전해져 왔다. 몇 개의 팀으로 나뉘어 길을 따라 움직이던 한 팀이 실종자의 차량을 발견하였다는 전화를 해 온 것이다. 차량이 발견된 곳은 수색 집중 지역에서 30km 이상 떨어진 한 마을 입구였다. 근처에서 수색을 마치고 다른 장소로 이동하던 중 우연히 차량 한 대가 서 있는 것을 발견하고 차적 조회를 했는데, 실종자 소유의 차량인 것으로 밝혀진 것이다.

"앤, 실종자 차량이 이렇게 멀리 떨어진 곳에서 발견될 수 있을까? 통화 위치하고는 전혀 다른 엉뚱한 장소잖아."

"그래, 생각하던 것보다는 상당히 떨어진 곳이야. 주위를 자세히 살

퍼보고 실종자를 빨리 찾도록 해야겠어.”

　　그 일대를 수색한 결과 차량이 있는 곳에서 약 150m 떨어진 곳에서 목을 맨 채 숨겨 있는 사람을 발견하였다. 시신이 발견된 현장은 차량의 왕래가 잦은 곳이지만 도로에서 꺾어져 들어가 있어서 사람의 눈에는 쉽게 띄지 않는 곳이었다. 소지품 등은 그대로 있어 숨겨 있는 사람이 신고한 부인의 남편 천기태 씨임을 바로 알 수 있었다. 부인인 최희연 씨가 연락을 받고 황급하게 시신을 발견한 현장으로 달려왔다. 그리고 남편이 틀림없음을 확인시켜 주었다. 최연희 씨는 오열하며 말했다.

　“말도 안 됩니다. 제 남편은 자살할 사람이 아니에요! 자살할 이유가 없어요!”

　그럼 자기가 자살한다고 메시지를 남긴 것은 어떻게 된 것인가? 그는 왜 이곳까지 와서 자살한 것일까? 출장을 간다고 한 사람이 목적지에는 가지 않고 왜 메시지를 남기고 자살했을까? 실종자가 주검으로 발견됨에 따라 수사는 급물살을 탔지만 여전히 이해되지 않는 점이 너무 많았다.

　천기태 씨는 목이 끈에 매어진 채 비스듬히 누워 있는 자세로 발견되었다. 그 상태만으로 보면 자살한 것이 틀림없어 보였다.

　“자살한다고 연락을 하고 왜 이렇게 멀리까지 와서 자살을 했을까? 특별한 사연이 있었던 것은 아닐까? 다른 사건과는 전혀 다른 양상이야.”

　앤이 시신을 보며 말했다.

　“앤, 시신의 상태와 주변을 자세히 좀 보자고. 혹시 모르니까. 우리는 객관적 사실 이외에는 아무것도 믿을 수가 없어. 부인의 말도 전적으로 100% 믿기가 힘들어. 부부관계가 좋았는지 나빴는지조차 알 수 없잖아?”

"글쎄 난 별다른 느낌은 못 받았는데?"

"나는 좀 엉성하다는 느낌이야. 부인이 말한 것이 실제 상황하고 크게 맞는 것도 아니고……."

"자, 현장을 좀 자세하게 보자."

잠시 애기를 나누던 앤과 큐가 현장과 시신을 살피기 위해 현장으로 접근했다. 먼저 시신의 상태에 대해서 보기로 하였다.

"풀잎 등이 많아서 발자국이 남아 있지 않겠지만 근처에 발자국을 자세히 살펴봐. 급하게 한다고 해서 사건이 빨리 해결되는 것은 아니니까 철저하게 주변부터 파악해야지. 주변의 나무, 시신이 묶여 있던 나무 상태 등도 잘 기록해 둘 필요가 있어."

시신 주변을 조사하던 큐가 좀 더 침착한 수사를 당부했다. 시신의 주변에 대한 조사가 한참 진행된 뒤 시신에 대한 검사를 실시하였다. 시신이 있는 나무 밑에는 풀이 없었고 발자국 흔적이 있었지만 스친 정도였으며, 이러한 흔적은 범인의 자취를 찾기에 충분한 증거가 될 수 없었다. 시신이 묶여 있는 나무는 소나무였으며, 옆으로 기울어져 있었다. 끈이 매어진 곳은 옆으로 휘어진 나뭇가지 중간이었다. 주위에는 소나무와 갈참나무 종류가 많았다.

"큐, 그런데 이렇게 휘어진 나무에서도 자살이 가능해? 그것도 내 키보다 조금 높은 정도밖에 안 되는데."

"글쎄, 안 해 봐서 모르겠는데?"

"누가 해 봤느냐고 물었어? 보통 사건에서는 어떻느냐고 물었지!"

"농담이야."

끈이 나뭇가지에 엉성하게 매여 있는 점, 매인 끈의 위치가 매우 낮은 점 등이 한눈에 보기에도 이상했다.

"내가 생각하기에는 불완전의사에 가까운 형태인 것 같아. 좀 더 세밀한 관찰이 필요해. 물론 부검 결과가 나오면 좀 더 확실하게 알 수 있을 거야."

의사(Hanging)란 무엇일까?

의사란 끈을 목 주위에 두르고 양쪽 끝을 높은 곳에 고정시켜 끈에 자기의 체중을 가하여 경부압박으로 질식사하는 것을 말한다. 의사에는 완전의사와 불완전의사가 있다. 완전의사는 신체의 전부가 공중에 떠 있는 상태, 불완전의사는 신체의 일부가 지지된 상태에서 이루어진 것을 말한다. 의사는 자살인 경우가 대부분이지만 위장의사의 가능성도 배제할 수 없어 부검 시 항상 염두에 두어야 한다. 특히 위장의사, 즉 타살인 경우 일반적으로 범인이 한 사람은 불가능하며 2명 이상이어야 가능하다.

"큐, 묶여 있는 매듭 모양 및 위치와 시신의 외관을 좀 더 자세하게 살펴보자."

앤이 묶여져 있는 끈의 매듭 부위를 자세히 보았다.

"큐, 이 매듭을 천기태 씨 스스로가 묶은 것 같다는 생각이 들어? 잘 좀 봐."

앤이 다시 끈이 묶인 부위를 가리키며 묶은 방향 등을 보이며 말했다.

"그러면 그렇게 묶을 수 있는지 한번 묶어 보자. 그리고 매듭 전문가한테도 물어보자."

자살에 사용한 끈이 발견되면 어떻게 할까?

목을 매 스스로 목숨을 끊거나 살해된 경우 목을 맨 끈은 실제로 자살한 것인지, 다른 경우인지를 판단할 때 매우 중요하다. 그래서 끈을 제거할 때에는 발견 당시의 형태가 고스란히 유지될 수 있도록 해야 한다.

자살에 사용한 끈이 발견되면 매듭이 있는 부분은 그대로 남겨 두고, 매듭에서 먼 쪽을 자름으로써 매듭이 원상태 그대로 보존될 수 있도록 해야 한다.

매듭

"목을 맨 경우 입과 코 등에 분비물이 흘러 나올 텐데……. 천기태 씨의 상태는 너무 깨끗해."

앤이 시신의 얼굴을 가리키며 말했다.

"어, 이것 좀 봐. 자살한 사람의 등에 낙엽이 왜 묻어 있는 거지?"

자세히 살펴보니 천기태 씨 옷의 등 부분에는 흙도 묻어 있었다. 자살했다고 보기에는 앞뒤가 맞지 않은 점이 한두 가지가 아니었다. 물론 부검을 통해서 정확한 사인을 가려야겠지만 타살 쪽으로 무게중심을 두는 편이 옳을 것 같았다.

앤과 큐는 매듭에 대한 확실한 정보를 얻기 위해 매듭 전문가에게 조언을 구했다. 그리고 정확한 사인을 규명하기 위해 부검을 실시하는 한편 옷에 묻어 있는 토양이 천기태 씨가 있던 곳의 토양과 같은지 여부를 판단하기로 하였다.

매듭 전문가는 보통 자신이 맨 위치와 다른 사람이 맨 위치는 다르다고 대답했다. 묶는 방법에 따라 다르겠지만 천기태 씨 목을 두르고 있던 끈의 매듭은 보통 군대에서 많이 사용하는 것으로, 군사 전문가만이 사용하는 독특한 매듭 방식이라고 했다. 그러나 천기태 씨는 군대를 갔다 오지 않은 것으로 밝혀졌다. 이를 종합했을 때 천기태 씨와 관련된 끈은 다른 사람이 묶었을 가능성이 높았다.

앤과 큐는 천기태 씨 목에 있던 끈에서 다른 사람의 체세포가 있는지에 대한 분석을 국립과학수사연구소에 의뢰했다.

부검 결과 및 차량 감식

부검 결과 천기태 씨의 목에는 끈으로 묶이거나 무거운 물체에 눌렸을 때 형성되는 눌린 자국(압박흔)이 관찰되었다. 하지만 전형적인 의사라 보기에는 의심되는 부분이 많다는 소견이었다.

수사관들은 자살보다 타살 쪽에 무게를 두고 수사 방향을 잡았다. 현장에서 조금 떨어진 곳에서 발견된 천기태 씨 소유의 차량 및 차량 주변에 대한 감식도 이루어졌다. 차량의 손잡이나 유리창 등에서 용의자의 지문은 검출되는지, 차량 내부에서 용의자의 머리카락 등이 있는지 등 정밀감정이 실시되었다.

차량에서 자살을 입증할 만한 유서는 발견되지 않았다. 감식 결과 차량의 내부에서 모발 등이 10여 점 발견되었으며, 재떨이에서는 담배꽁초 등이 발견되었다. 차량 손잡이에서 지문 채취에는 실패하였다. 수거된 증거물들은 모두 국립과학수사연구소에 감정을 의뢰하였다.

자살인가, 타살인가

"큐! 아이디어가 떠올랐어. 아니, 아이디어가 아니라 과학적 분석이라고 해야 할 것 같아. 천기태 씨가 신은 신발 말이야, 신발 바닥을 보면 홈이 있잖아. 홈에 토양이 있는지 살펴보고, 현장의 토양과 동일성 여부를 알아보면 어떨까? 그러면 본인이 제 발로 그곳 현장까지 가서 자살했는지, 그렇지 않은지를 판단할 수 있을 것 같아!"

"맞아 앤! 정말 좋은 생각이야. 어떻게 그런 생각을 했어?"

"기초부터 점검하다 보니까 그런 생각이 났어."

"맞아, 앤! 신발에 묻은 흙을 살펴보는 게 수사의 기초가 될 거야. 신발에 묻은 흙과 현장의 토양 성분이 같다면 천기태 씨는 직접 걸어갔다는 가정이 성립하지. 성분이 동일하지 않다면 누군가에 의해 이곳으로 옮겨졌다고 볼 수 있어!"

"큐, 천기태 씨가 목을 멘 나무가 소나무 맞지? 소나무를 잘라 내면 송진이 나오잖아. 자살이라면 신발 바닥 또는 손에서 송진 성분이 검출될 수도 있어. 송진 성분 검출 여부도 함께 의뢰를 해야 할 것 같아."

"그런데 송진 성분 여부도 검출할 수 있을까?"

"그건 박사님한테 물어봐야지."

"이 결과만 알면 천기태 씨의 죽음이 자살인지 타살인지 분명하게 판별할 수 있을 거야!"

감정 결과

며칠 뒤 감정 결과가 통보되었다. 차량 안에서 수거된 담배꽁초와 모발 등의 유전자분석 결과 모두 천기태 씨와 같은 유전자형으로 나왔다. 신발의 홈과 천기태 씨 상의 등에 묻은 흙 성분 분석 결과 등에 묻어 있는 흙은 현장의 흙과 유사한 성분인 것으로 나타났다. 또한 신발 홈 부분에서는 흙 성분을 검출했지만 현장의 토양과는 전혀 다른 것으로 나타났다. 또한 신발에서의 송진 성분 검출 여부를 실험한 결과 송진과 같은 성분은 전혀 검출되지 않았다.

 **토양의 성분을 비교하려면?**

토양은 암석 등이 오랫동안 물리적 · 화학적 작용을 받아 분해되어 형성된 것으로, 사람의 생활과 밀접한 관계가 있다. 법과학에서 토양 성분을 분석한다는 것은 범죄 현장의 토양과 범인의 신발 따위에 묻은 토양 등을 분석함으로

써 수사 방향을 설정하는 것이다. 이는 과학수사에서 매우 유용하게 사용되고 있다. 토양의 동일성 여부는 토양의 육안 관찰, 현미경 관찰, 각종 물리적·화학적 분석 방법에 의한 성분 분석 등을 통해 판단한다.

"앤, 이제 결론이 내려졌어. 신발 홈에서 발견된 흙이 현장 흙과 일치하지 않는다는 것은 천기태 씨가 현장에서 발을 딛지 않은 거야! 신발 바닥에서는 송진 성분이 검출되지도 않았어. 물론 손바닥에서도 전혀 검출되지 않았다는 것으로 보아 천기태 씨는 자살이라기보다 누군가가 자살로 위장한 거야! 그런데 왜 자살한다는 메시지를 남겼을까? 누군가 다른 사람이 보냈다? 그것은 좀 납득이 되지 않아. 일단 자살을 위장한 타살로 잠정적인 결론을 내리고 주변 인물들에 대한 수사를 진행해야 할 것 같아."

"맞아 큐. 나도 같은 생각이야. 본격적으로 피살자의 주변 인물에 대해서 수사하자. 그리고 처음 발신지로 추정된 곳을 중심으로 그곳을 지나간 차량들에 대해 철저하게 조사해야겠어. 우선 그 근처의 도로에 설치된 감시 카메라에 천기태 씨의 차량이 찍혔는지 보고, 문자를 보낸 시점을 기준으로 통행한 차량을 모두 조사해야겠어."

"앤, 내가 모두 조사해 볼게."

"그래, 고생스럽겠지만 부탁해!"

카메라에 찍힌 차량의 정체

큐는 동료 수사관들과 발신지 현장으로 가는 길에 설치된 과속 감시 카메라에 찍힌 모든 차량을 검색하기 시작했다. 모두들 밤을 꼬박 새면서 분석을 하였다. 일일이 화면을 모두 검색한다는 것은 매우 힘들고 고된 일이었다. 한참 관찰하던 다른 형사가 "어, 저거다!" 하고 외쳤다. 천기태 씨 소유의 차량이었다. 큐가 곧장 달려가 함께 살펴보기 시작했다.

"어! 어! 그런데 저건 뭐야! 운전자는 천기태 씨가 아니잖아. 좀 더 자세히 보자고."

큐가 졸린 눈을 크게 뜨며 재차 그 부분을 관찰하였다.

"어! 바로 뒤를 쫓아가는 저 차량은 뭐지? 좀 천천히 돌려보자고. 너무 흐려서 도대체 누군지 알아볼 수가 없잖아. 이거 참! 답답한데!"

"우선 차적 조회를 먼저 해야 합니다. 차량 소유자가 누구인지를 먼저 파악하는 편이 좋을 것 같아요."

큐가 급하게 차적 조회를 의뢰하였다. 잠시 후 차적 조회 결과가 도착했다. 차량의 주인은 서울에 사는 김정진 씨로 확인되었다. 김정진 씨의 말에 따르면 은행에 돈을 찾으러 길가에 잠깐 세워 둔 사이에 차량이 없어졌다고 했다. 바로 주차 위반으로 견인한 것으로 생각해서 수소문

과속 감시 카메라

했지만 견인한 적은 없다는 대답뿐이었다고 한다. 김정진 씨는 차량 도난 신고를 한 상태였다.

그렇다면 천기태 씨 차량의 운전석에서 찍힌 사람을 찾는 것이 급선무였다. 분명

도로 위 과속 감시 카메라 설치 모습

히 그가 범인일 가능성이 가장 높기 때문이다. 앤과 큐는 운전석에서 찍힌 사람의 영상을 보완 처리해서 공개 수배하기로 하였다.

TV 공개 수배 및 용의자 검거

CSI-TV를 통하여 용의자의 신원이 공개 수배되었다. 몇 건의 제보가 접수되었지만 닮은 사람을 보았다는 식의 신빙성이 떨어지는 신고뿐이었다.

사건 발생 일주일째 되는 날이었다. 한 건의 제보가 접수되었는데, 매우 신빙성이 있어 보였다. 제보자와 함께 술을 마시던 회사 동료가 "TV 공개 수배 프로그램에서 보았는데 공개 수배된 사람이 우리 회사의 변창균 씨인 것 같다"며 얘기했다는 것이다. 신고를 한 사람은 사망자 천기태 씨와 같은 회사 사람인 것으로 밝혀졌다.

큐가 그의 회사로 전화를 했다.

"변창균 씨라고 계시죠? 그 사람 지금 어디에 있습니까?"

"그 사람요? 요새 며칠 보이지 않아서 집에 연락을 했는데 그의 부인이 받았습니다. 그래서 변창균 씨는 어디에 있느냐고 물었더니 며칠 전 아무 연락도 없이 집을 나간 뒤로 지금까지 연락이 없다는 것입니다."

"회사에서 변창균 씨에게 무슨 일이 있었습니까?"

"우리가 뭐 알겠습니까. 그냥 일만 하는 거지요……. 그런데 회사 내부적으로 이권을 놓고 암투가 심하다는 소문이 나 있었습니다. 저희도 자세한 내용은 모릅니다."

"아, 이 사람을 또 어디 가서 찾는담."

큐가 한숨을 내쉬며 말했다.

발견된 유서

수사가 진행되던 중 인근의 야산에서 또 다른 변사체가 발견되었다는 신고가 접수되었다.

"이거 왜 계속 사건이 터지는지 모르겠네. 한번 시작되니까 사건이 계속 일어나네. 이 골치 아픈 사건도 해결이 안 되었는데, 참! 어쨌거나 또 나가 봐야지."

앤과 큐가 수사관들과 함께 또 다른 변사체가 발견된 현장으로 달려갔다. 변사자의 옆에는 신발이 놓여 있었고 변사자가 마신 것으로 추정되는 소주병들이 어지럽게 널려 있었다. 신발 안쪽에는 유서로 보이는 A4용지 한 장이 들어 있었다. 그 내용은 너무 뜻밖이었다.

"여보, 미안해. 나도 어쩔 수 없이 이 길을 택했소. 힘들 것 알면서도 지은 죄 때문에 도저히 살아갈 용기가 나지 않았소……."

가족에 대한 내용으로 시작한 유서는 동료에 대한 내용으로 계속되었다.

뜻밖에도 그가 천기태 씨를 유인하였다는 내용이 포함되어 있었다.

"천기태 씨 너무 미안해. 내가 이용을 당했다는 것을 알았을 때는 이미 늦었어. 어쨌든 미안하네. 나 이렇게 죽음으로써 용서를 비네……."

먼저 주검으로 발견된 천기태 씨와 나중에 발견된 변창균 씨가 밀접한 관계에 있음을 알 수 있는 대목이었다.

유서 내용은 계속되었다.

"천기태 씨. 당신이 너무 회사의 기밀을 많이 가지고 있었어. 하지만 그대도 반대파의 속임수에 넘어간 것이야. 왜 그들의 꼬임에 넘어갔는지 이해가 안 가. 하지만 이제 모든 것은 끝나 가고 있어. 우린 모두가 피해자야……. 나도 그 반대파의 속임수에 넘어가서 당신에게 출장을 가라 하고 그쪽으로 유인했어. 실제로 나는 그것밖에 한 것이 없어. 용서하게. 죽음으로써 용서를 비네."

유서는 이렇게 끝나고 있었다. 뒤로 갈수록 알 수 없는 내용들이 이어졌지만 유서 내용을 요약하면 다음과 같았다. 회사의 기밀을 알고 있는 천기태 씨를 회사의 반대파가 이용했고, 반대파와의 내통을 차단하기 위해 천기태 씨를 제거할 수밖에 없었다는 것이다. 하지만 또 한 사람. 이들의 뒤를 쫓은 사람은 누구인가? 앤과 큐에게는 한 가지 의문만 남았다.

범인 검거

진짜 범인을 가려내기 위해서 회사 전반에 대해 수사하기로 하였다. 사원들의 진술을 종합한 결과 회사 측 사람들을 파악할 수 있었다. 그 가운데 핵심 인물인 이순한 씨를 유력한 용의자로 지목하고 집중적인 수사를 하였다. 그는 수사가 시작되자 순순히 범행을 자백하였다.

"천기태 씨는 왜 죽였습니까?"

"사실 그 사람이 중요한 비밀을 가지고 있었거든요. 저희 회사 존립의 문제였기 때문에 매우 심각하다고 생각했습니다. 그것도 저희 회사를 무너뜨리려고 하는 자들과 내통하며 그들에게 회사의 비밀을 건네주는 것으로 보았습니다. 심각성을 느끼고 평소 그와 경쟁관계인 변창균 씨를 끌어들여 천기태 씨를 유인하게 하였습니다."

그의 진술이 차분하게 계속되었다.

"천기태 씨는 제가 죽였습니다. 제가 모든 책임을 지겠습니다."

점점 목소리가 가늘어지며 희미하게 말을 이어갔다.

"아마 그도 그 사람에게 이용을 당한 것 같아요……. 모두가 희생자인 것 같습니다. 승리한 사람은 아무도 없고 모두가 패배를 한 것입니다. 처음부터 자살을 가장하려 한 것은 아니었습니다. 어떻게 하다 보니 그렇게 되었습니다. 휴대전화로 메시지를 보낸 것도 제가 했습니다. 자살로 위장하려고……. 이렇게 쉽게 모든 것이 드러나는 것을, 제가 참으로 어리석었습니다. 그때는 제가 제정신이 아니었던 것 같습니다."

지나친 경쟁은 비극적인 결과만 낳고 말았다.

사건은 비록 해결됐지만 씁쓸함으로 인해 마음은 결코 개운하지 않았다. 그렇지만 또 다른 사건들이 앤과 큐를 기다리고 있었다.

목을 매고 자살한 경우와 자살을 위장한 타살은 어떻게 구분할까?

종종 자살을 위장한 타살 사건이 발생하곤 한다. 그 중에서도 목을 매고 자살한 경우와 자살을 위장하여 목을 맨 것처럼 보이는 사건은 여러 가지 방법으로 구분한다. 우선 끈 자국을 보면 자살로 목을 맨 경우, 끈 자국과 끈 모양이 일치한다. 하지만 자살을 위장하여 목을 맨 경우 일치하지 않는다.

또한 자살로 목을 맨 경우, 시체의 하반부에 피가 몰리는 현상이 있다. 그러나 자살을 위장한 경우에는 시체의 하반부에서 피가 몰리는 현상을 보지 못하는 때가 있다.

자살에 사용한 끈을 관찰하여 자살과 타살을 가릴 수도 있다. 끈을 매단 지점에 흔적이 남을 수도 있기 때문이다.

토양의 종류를 구분해 보자

토양을 크게 나누면 성대토양과 간대토양으로 구분한다. 성대토양은 기후와 식생의 영향을 받아 형성된 토양으로 적색토, 갈색 삼림토, 포드졸토, 툰드라토 등이 있다. 우리나라 성대토양은 남부지방에 적색토, 중부지방에 갈색 삼림토, 북부 지역에 포드졸성 회백색토로 각각 나타난다.

간대토양은 암석에서 떨어져 나와 형성된 토양으로 기반암석의 특성이 잘 나타나 있다. 여기에는 석회암 풍화토인 테라로사와 현

무암 풍화토인 테라록사 등이 있다. 우리나라에서 현무암 풍화토인 테라록사는 제주도와 강원도 철원 등 화산 지대에 분포하고, 석회암 풍화토인 테라로사는 강원도 남부와 충북 북동부 지역에 많이 분포한다.

적색토

갈색삼림토

포드졸토

CASE 5

수백만 원어치 인삼의 행방을 찾아라!

사건의 주요 내용

　한 시골 마을에서 수확을 앞둔 인삼밭이 한밤중에 파헤쳐지고 5~6년생 인삼 수백만 원어치가 도둑맞은 사건이 발생하였다. 밭 주인이 친척의 결혼식에 참석한 뒤 돌아와 도난 사실을 발견하고 수사 당국에 신고하였다. 애써서 몇 년을 길러 온 인삼밭은 아수라장이 되어 있었으며, 인삼밭 전체의 3분의 1이 피해를 본 상태였다. 인삼밭 앞에는 차량의 타이어 자국 등이 있는 것으로 보아 일단 전문 절도범의 소행으로 판단되었다.

사건 발생

　초여름의 어느 날, 한 시골 마을에서 한밤중에 인삼밭이 파헤쳐진 채 수확을 앞둔 5~6년생 인삼 수백만 원어치가 도난당한 사건이 발생하였다.

　"예전부터 남의 농작물에 손을 대면 천벌을 받는다고 했는데, 어렵게 지은 농작물에 이렇게 손을 대다니."

　앤과 큐가 현장에 도착하였다. 간이로 쳐 놓은 철조망이 잘려 나가고, 인삼 밭은 엉망이 되어 있었다. 주인으로 보이는 사람이 넋을 잃고 하염없이 밭만 바라보고 있었다.

　"한 번도 이런 일이 없었는데……. 고생해서 농사를 지어 놓았더니……. 하루아침에……. 날벼락도 이런 날벼락이 또 어디에 있습니까. 참 하늘도 너무 무심해요. 이제 주름 좀 펼까 했더니……."

노인 농부가 말을 제대로 잇지 못하면서 퀭한 눈 속의 메마른 눈물을 억누른 채 앤과 큐를 바라보며 푸념을 했다.

"자초지종을 좀 말씀해 주세요. 범인을 꼭 잡겠습니다."

"친척 집에 결혼식이 있어서 갔다가 하룻밤을 그곳에서 자고 오늘 돌아왔습니다. 그렇지 않아도 수확을 하려고 밭에 왔지요. 그런데 밭이 이렇게 되어 있었어요. 기가 막히는군요. 이게 어떤 인삼인데, 어떻게 기른 인삼인데! 나야 이제 다 살았지만 내 자식새끼들은 어쩌란 말입니까? 이거 하나 가지고 있는 정성 없는 정성으로 온 식구가 매달렸는데 도둑놈이 들 줄이야……. 글쎄 훔칠 게 없어 삼을 다 훔쳐? 허허. 이봐요, 수사 양반들. 이게 말이나 돼요, 말이? 아등바등 어떻게든 살

아 보려고 죽어라 지은 농사를 글쎄 저렇게 거덜을 내 버렸네요.”

“앤, 현장이 너무 넓어 어디서 무엇을 해야 할지 난감해.”

“우선 제일 먼저 도둑이 밭으로 들어간 부분에서 시작하자. 일단 그 쪽으로 가지.”

앤과 큐는 밭의 끝에 있는 좁은 빈터가 있는 곳으로 갔다. 그곳은 철조망이 잘려 나간 곳으로 집중적으로 짓밟혀져 있었다. 모든 작업이 그곳을 중심으로 이루어진 것 같았다.

현장 조사

앤과 큐는 빈터에 도착하여 현장 주변을 조심스럽게 살펴보았다. 우선 잘려진 철조망 근처로 갔다.

“인삼밭을 철조망으로 죽 둘러쳐 놓았는데, 외지인의 접근을 막기 위한 것 같아. 이쪽 철조망을 자르고 한쪽으로 구부려 놓았어. 분명히 어떤 도구를 사용해서 자른 것 같아. 이 정도 철조망이면 그리 힘을 들이지 않고도 자를 수 있거든. 어떤 도구를 사용해서 잘랐는지 알아야 할 것 같아. 구부려진 철조망 몇 개를 채집하자. 나중에 범인이 가지고 있는 공구와 공구 흔적을 비교하여 공구 흔적이 같으면 그 공구를 사용해 철조망을 잘랐다는 것이니까 답은 뻔하지. 그 공구 주인이 바로 범인이라는 거니까.”

큐가 열심히 설명했다.

"만약 남의 집 공구를 훔쳐서 잘랐으면 어떻게 되지?"

"그러면……. 그거야 상황 파악을 해야지. 실제로 그렇게 했는지를 수사하면 되지, 뭐."

공구흔 감정이란?

절단 공구를 사용하여 자물쇠, 철조망 등을 절단한 경우 절단면에 나타난 공구흔적이 남는다. 이 공구 흔적을 통해 어떠한 공구를 사용했는지 추정할 수 있다. 이 사건에서 인삼밭 철조망에 남겨진 줄무늬 공구 흔적과 용의자의 공구를 대조하면 사건의 실마리를 잡을 수 있다.

범행에 사용되는 절단 도구

"큐, 이 타이어 자국들도 중요한 단서가 될 수 있을 것 같은데. 할아버지, 이곳에 차량이 들어온 적은 있습니까? 그리고 사람들도 자주 오나요?"

앤이 밭의 주인에게 물었다.

"아닙니다. 이곳까지는 차량이 전혀 들어온 적이 없고요. 밭을 갈 때 경운기 정도가 들어오는 정도예요. 다른 집 밭들도 마찬가지예요. 그리고 이곳까지 차량을 몰고 오지는 않습니다. 이 자국들은 도둑놈이 가져온 차량의 바퀴 자국인 것 같습니다."

“아 그렇습니까! 큐, 그러면 이 타이어 자국하고 신발 자국들을 모두 실사해서 나중에 범인의 것과 비교해야겠어.”

“뭐, 실수?”

“아니, 실사! 같은 크기로 사진을 찍는 것 말야. 이런 것까지 설명을 해야 하냐!”

“나는 또, 내가 가는귀를 먹었나?”

앤의 말을 잘못 알아들은 큐가 농담조로 말을 건넸다.

현장에는 범인의 것으로 보이는 신발 자국이 수없이 남아 있었다. 서로 다른 모양의 신발 자국이 있어 앤과 큐는 범인을 2명 이상으로 추측하였다. 길에는 차량의 타이어 자국이 없었지만 밭 근처에서는 차량의 뒷바퀴 타이어 자국 일부가 남아 있었다. 좁은 곳을 돌려서 나가려다 남긴 것 같았다.

“그러면 이것을 어떻게 같은 크기로 옮길 수 있을까? 실사라! 우선 사진을 찍어 확대해서 비교하는 수밖에 없을 것 같아. 신발 자국의 크기를 정확하게 재고 인화할 때 같은 크기로 인화하면 되지 않을까?”

증거를 확보하기 위하여 비교적 선명하게 남아 있는 신발 자국들을 촬영하였다. 또한 인삼 절도에 사용한 차량의 종류를 알아보기 위하여 현장에 남아 있는 차량의 타이어 자국도 사진기에 담았다.

타이어 무늬

신발 바닥 무늬

사건 현장에 남은 흔적들

"증거물은 신발 자국, 타이어 자국, 잘린 철조망이네. 이것만 가지고 범인을 잡아야 한다? 너무 막연한데. 신발 자국은 비슷한 신발을 신은 사람이 많을 것이고, 타이어 자국도 그래. 같은 타이어로 굴러다니는 차가 한두 대도 아니고. 철조망의 공구흔을 비교한다고는 하지만 우리나라 모든 집의 공구를 잘라서 비교할 수도 없는 거고……."

큐가 답답한 마음에 고민을 얘기했다.

"큐, 좀 긍정적으로 생각해 봐. 아무런 단서가 없는 것보다 훨씬 낫지 않아? 일단 뛰어 보자고. 먼저 신발하고 차량이 어떤 종류인지를 알아보자. 범인의 윤곽이 드러나야 비교를 하든가 말든가 하지."

용의자를 추정하는 데에는 신발 종류와 차량 종류를 알아내는 것이 매우 중요하였다. 따라서 정확하게 찍은 현장의 발자국 및 차량 타이어 자국 사진을 가지고 신발 회사와 차량 제조 회사에 문의하였다. 신발 회사에 문의한 결과 현장에 남아 있는 신발 자국은 모두 고무장화 종류인 것으로 보이며, 주로 어촌이나 농촌에서 많이 사용되고 있다고 한다. 또한 차량 회사와 타이어 제조 회사에 현장에 남아 있는 타이어 자국과 같은 타이어는 어떤 차량에 장착되는지 문의한 결과 주로 소형 트럭용이라는 대답을 들었다.

신발 자국과 타이어 자국으로 어떻게 범인을 잡을까?

타이어는 제조사별 또는 사용 목적에 따라 고유한 무늬를 지니고 있다. 또한 같은 제조 회사의 타이어라 해도 폭, 홈 깊이 등이 다를 뿐만 아니라 사용 기간에 따라서도 독특한 모양을 보인다. 따라서 범죄 현장에서 타이어 자국이 발견되었다면 이 모양을 그대로 뜨거나 사진을 찍어야 한다. 그 후 표준 타이어의 무늬와 비교함으로써 타이어의 종류를 알아내고, 범행 차량 발견 시에 이들과 대조하는 것이 최선의 방법이다. 신발 또한 바닥에 다양한 무늬를 지니고 있으며 현장에서 발견되는 신발 자국으로 신발의 제조사와 종류를 알아낼 수 있다. 신발 자국은 용의자를 추정하는 데 중요한 증거가 될 수 있다. 신발의 크기, 넓이도 알 수 있어 범인이 여성인지 남성인지, 범인의 키는 어느 정도인지를 판단할 수 있다.

타이어 무늬

신발 바닥 무늬

"하지만 소형 트럭을 가지고 있는 농촌 및 어촌 사람들? 너무 광범위해."

큐가 다시 부정적인 말로 수사의 어려움을 한탄했다.

"우선 인근 마을부터 조사를 하자. 한 집 한 집 다 들러서 비슷한 것이 있으면 확인을 하는 식으로 넘어가지. 그리고 수사 범위를 좀 더 넓혀 보자고. 하는 수 없어. 참, 사건 장소가 인삼밭이잖아? 그런데 인삼밭을 엉망으로 만들었지? 그러면 인삼에 대하여 전혀 모르는 사람이 캤다는 것인가? 농촌 마을 사람들을 배제해야 하나? 나도 영 헷갈려. 그 밭주인한테 물어보자. 인삼을 캔 솜씨는 어떤지 말야."

"그래, 좋은 생각이야."

큐가 다시 밭주인을 찾아가 인삼 농사를 짓는 사람이 인삼을 캔 솜씨인지에 대해 물었다.

"글쎄요. 전혀 모르는 사람 같으면 손으로 위를 잡고 그냥 뽑았을 텐데 아까 보셨지만 좀 다르지요. 어두운 상태에서 삼을 캤을 텐데 간격을 알고 있는지 삼이 다치지 않게 캔 것 같아요. 쇠스랑 같은 것으로 캔 것 같고요. 삼이 안 다치게 캔 것으로 보아서는 삼 농사를 좀 아는 사람이 캐 간 것 같습니다."

주인이 아까와는 다르게 차분하게 설명을 했다.

"앤 그러면 감이 오지? 어민은 분명 아닐 것이고, 농촌에 사는 사람 같아. 앤 말대로 인근 마을부터 수사해 보자."

우선 범인을 농촌에 사는 사람으로 추정하고 인근 마을에 대한 조사를 실시하였다. 피해자가 사는 동네와 인접한 지역에서 범죄를 저지를 우려가 있는 사람을 대상으로 1차 수사를 진행하였다. 전과 조회를 한 결과 근처에 거주하는 사람들 중에는 절도 전과가 있는 사람이 한 명도 없었다. 그렇다고 뚜렷하게 혐의가 있는 사람이 나타난 것도 아니어서 일일이 집을 돌아다니면서 확인하는 수밖에 다른 방법이 없었다. 혹시 목격자가 있는지 탐문 조사를 하였지만 목격자 또한 아무도 없었다. 밤중에 이루어진 데다 마을의 많은 사람이 결혼식에 참석했기 때문에 목격자가 있기를 기대하기는 어려웠다.

"마을 사람들이 많이 없는 상태에서 밤중에 이루어졌잖아. 마을 사정을 잘 아는 사람이 그랬을 수도 있다는 것인데, 그렇다고 무작정 다 뒤질 수도 없고."

"다른 것을 조사하는 척하고 들어가서 살펴 보자."

마을 주민들을 상대로 수사할 때는 수사 자체에 대해 주민들이 자칫 마음을 상하고 매우 불쾌하게 생각 할 수도 있어서 조심스럽게 진행해야 했다. 한 집 한 집을 방문하여 다른 것을 물어보는 척하면서 집을 살폈다. 특히 소형 트럭을 보유한 사람의 집은 더욱 유심히 관찰하였다. 하지만 10여 가구가 모여 사는 이 동네에는 트럭을 소유한 사람이 없었다. 심지어 경운기조차 없는 집도 많았다.

사건 해결의 실마리

다시 탐문의 범위를 넓히는 수밖에 없었다. 그러나 탐문하기에는 너무 늦은 시간이 되어서 더 이상 수사를 진행할 수 없어 앤과 큐는 사무실로 돌아왔다.

다음날 다시 근처의 마을에 대한 탐문을 계속하였다. 한 마을을 마치고 다시 피해 밭으로부터 10여 km 떨어진 마을을 탐문하던 중 의외의 실마리를 찾을 수 있었다. 40대 중반의 농사일을 하는 형제였는데, 집 안에 들어서자 그들은 매우 놀라는 표정을 지었다.

"차량 좀 조사하려고 합니다. 군에서 농기구 보유 현황을 알아보기 위해서 나왔습니다."

"네, 저기 있습니다."

돌아서는 모습이 영 부자연스러웠다.

"앤, 이 차량 상태가 어떤 것 같아?"

능청스럽게 큐가 앤에게 물었다. 유심히 관찰하라는 의미였다.

"차량은 언제 구입하셨습니까?"

"한 몇 년 됐습니다. 농사를 좀 크게 지으려고 샀는데 이렇게 집에서 쉬고 있습니다."

"그런데 바퀴에 흙이 묻어 있습니다. 어디 갔다 오셨나 보지요?"

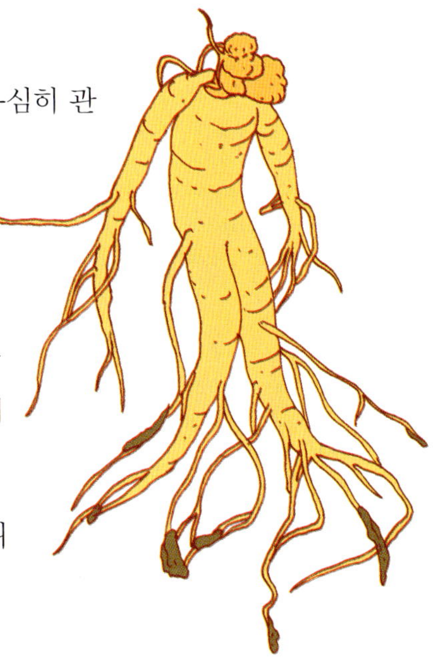

"아, 아닌데요. 아무 데도 안 갔습니다. 계속 여기 있었는데……."

큐가 계속해서 물었다. 당황한 기색이 역력했다.

"차에는 신발들도 있고, 공구도 참 많은 것 같습니다."

"네, 다 사용하고 있는 것입니다."

"혹시 저 건너 마을에서 인삼이 없어졌다는 소식은 못 들었습니까?"

"아, 아니, 못 들었습니다."

그는 얼굴빛이 붉어지면서 말을 잘 잇지 못했다. 앤과 큐가 그의 얼굴빛이 변하는 모습을 보고 동시에 서로의 얼굴을 쳐다보면서 말했다.

"그럼 조사 잘했습니다. 안녕히 계세요."

그는 당혹한 표정이 역력했다. 게다가 얼핏 본 타이어의 무늬와 신발의 바닥 무늬 모양 등이 인삼밭에서 본 자국들과 너무나 흡사하였다. 하지만 같은 무늬의 타이어를 가진 트럭이 많이 있으므로 아직까지 이들을 범인으로 단정할 수는 없는 일이었다. 앤과 큐는 좀 더 이들 형제를 조사하기로 하였다.

"이들 형제의 채무관계 등을 조사해 보자. 농기구 등을 그냥 산 것 같지는 않고, 아마 크게 농사를 지으려다 빚을 지고 범행을 저지른 것 같은 느낌이 들어."

앤이 큐에게 말했다.

주거래 은행을 통하여 이들의 대출 여부에 대해 조사했다. 조사 결과 이들은 영농자금으로 5,000만 원 정도의 돈을 빌려 쓴 것으로 밝혀졌다.

"역시 나의 예감이 맞는 것 같아. 이들을 본격적으로 조사하도록 하자.”

앤이 의기양양하게 말했다.

형제들의 집으로 다시 가서 사건 당일의 행적을 물었다.

“어떻게 또 오셨습니까?”

“우리는 수사관들입니다. 건넛마을 인삼 절도 사건과 관련해서 조사를 할 게 있어서 왔습니다.”

큐가 이제는 이들을 유력한 용의자로 취급하고 압박하였다.

“인삼이 도난당한 날 저녁 때 어디 가셨습니까?”

“친구들을 만나서 저녁을 먹고 들어왔습니다.”

형제는 말을 맞춘 듯 알리바이를 내세웠다. 두 명은 모두 각자 친구들을 만났고, 늦게 들어와 피곤해서 그냥 잤다는 것이다.

“차량의 타이어를 사진으로 좀 찍어 가겠습니다. 그리고 신발의 바닥도요. 아! 이 사진은 현장에 남겨진 발자국입니다. 여기 갖고 계신 신발 자국과 비슷하죠?”

큐가 현장에서 찍은 신발 자국 사진을 형제에게 보여 주며 말했다.

“그건…….”

형제들은 아무 대답도 하지 못하고 어쩔 줄을 몰라했다.

이들의 신발과 타이어를 촬영하고 다시 차량 옆에 놓여 있는 공구들을 하나씩 들어서 확인하였다. 최근에 사용한 경우 흔적이 남아 있을 것으로 보였기 때문이다.

“이 절단기도 최근에 사용했군요.”

“…….”

역시 묵묵부답이었다.

"이것 역시 인삼밭의 철조망을 자른 것인지 확인해야겠습니다."

명확한 증거를 확보하기 위해서 이들 형제의 차량 타이어와 장화 및 차량 옆에서 발견된 공구 등을 압수하였다. 그리고 먼저 의뢰한 철조망에 있는 공구 흔적과의 동일성 여부, 신발의 동일성 여부, 신발에 묻어 있는 토양과 인삼밭 토양의 동일성 여부를 판단하기 위한 감정을 국립과학수사연구소에 의뢰하였다.

한편으로 훔친 인삼들을 어디에다 숨겼는지를 알아내기 위해서 이들의 집과 주변에 대한 조사가 계속되었다. 집 안에서는 인삼을 발견하지 못했지만 집 밖의 언덕에서 나뭇잎으로 덮어 놓은 훔친 인삼들을 발견할 수 있었다. 반 가마 정도 되었는데 전혀 손을 대지도 못한 상태였다.

감정 결과

큐가 형제의 집에서 수거한 공구로 철조망을 잘라 보니, 도난당한 철조망 모양이 그대로 만들어졌다. 감정 결과도 큐의 실험 결과와 일치했다. 또한 현장에서 발견된 신발 자국과 형제의 신발 모양은 일치하였고, 타이어 흔적도 일치하는 것으로 나타났다. 따라서 이들 형제가 범행을 한 것으로 추측할 수 있었다. 한편 현장에서 수거한 토양과 용의 차량의 타이어, 신발, 인삼밭 등지에서 채취한 토양이 유사한 특징을 나타내고 있어 이들 형제의 범행 사실을 뒷받침할 수 있었다.

 ## 토양 동일성 여부 감정을 알아보자!

토양의 동일성 여부 감정은 용의자의 신발, 차량, 의류 등에 묻은 토양과 사건 현장의 토양을 비교 분석하여 동일성 여부를 알아보는 시험이다.

토양의 동일성 여부 감정에는 (1) 육안 및 현미경 관찰에 의한 색상 및 형상 검사, (2) 편광현미경 관찰을 통한 점토광물의 편광성 검사, (3) 토양의 정색반응 검사, (4) 각종 분석기기를 통해 토양 중에 함유된 음이온 및 유기물질 성분을 분석하는 방법 등이 있다.

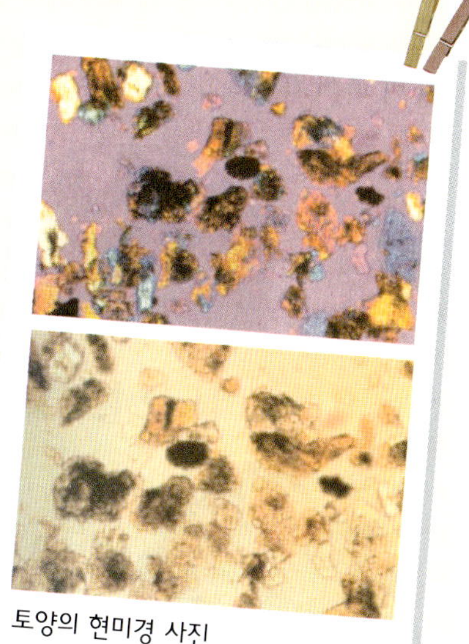

토양의 현미경 사진

범인의 자백

용의자 형제를 검거하기 위해 그들의 집으로 갔다. 둘은 체념한 듯 순순히 응했다.

“죄송합니다. 먹고살기가 힘들었습니다. 살려고 그렇게 노력을 했는데, 농촌에서는 아직 힘든 것 같습니다. 규모가 작은 농사를 시작했지만 도저히 먹고살 수 없을 것 같았습니다. 그래서 요즘 인기가 있다는 시설 채소를 재배하려고 했는데, 경험 미숙으로 한번에 다 날렸습니다. 채소들이 갑자기 병이 나더니 한 번 수확도 못하고 다 죽었습니다. 이유는 모르지만 어떻게 할 방법이 없었습니다. 살 희망이 없어져 죽을 생각도 했습니다. 그런데 그때 건넛 마을 사람들이 모두 결혼식장에 간다는 얘기를 전해 듣고 옳지 못한 생각을 하게 됐습니다. ‘그러면 안 되지’ 하면서도 몸이 벌써 움직이고 있었습니다.”

“그래도 그렇지요. 같이 농사를 짓는 입장에서 어떻게 그렇게 할 수가 있습니까?”

큐가 두 사람을 향해 꾸짖듯이 말했다.

“죄송합니다. 선처를 해 주신다면 힘들어도 열심히 다시 해 보겠습니다. 그동안 마음의 가책으로 하루도 제대로 잠을 이룰 수가 없었습니다.”

“가책에 시달렸다면서 그렇게 안 했다고 시치미를 떼세요!”

“앤, 농촌이 어렵긴 어려운가 봐. 요즘 살아가기 힘드니까 생계형 범죄가 증가하는 것 같아. 그런데 이 사건도 생계형 범죄라고 해야 하나? 그래도 그렇지. 아무리 어려워도 남의 것을 탐내면 안 되지.”

“어쨌든 그 사람들 다시는 그런 짓을 안 했으면 좋겠어. 자신의 본문에 충실하면서 안 먹고 열심히 살았으면 하는 바람이야.”

수백만 원어치 인삼의 행방을 찾아라!

아무리 어려워도 남의 것을 탐내면 안 되지.
다시는 그런 짓을 안 했으면 좋겠어

생계형 범죄란 무엇일까?

'아기 분유 값을 마련하기 위하여 빈집을 털다 잡힌 20대 부부, 밑반찬을 구입할 돈이 없어 반찬가게에서 김치를 훔치다 잡힌 남성, 두부를 좋아하는 임신한 아내에게 두부를 사 줄 돈이 없어 두부를 훔친 두부 배달원, 너무 배가 고파서 고물상에서 고물을 훔쳐 음식을 사 먹으려던 노숙자, 자판기 동전을 빼내려다 손이 컵 배출구에 걸리는 바람에 경찰에 체포된 노숙자.' 우리는 종종 이러한 기사를 신문의 사회면에서 보게 된다. 특히 경제가 어려운 때에는 더욱 자주 접하게 된다. 이렇게 먹고살기 위해 불가피하게 저질러지는 범법 행위를 생계형 범죄라 한다.

경찰청의 통계에 따르면 이러한 생계형 범죄는 2004년에 5만 4,856건, 2005년에 4만 9,708건이 각각 발생하였다고 한다.

단순 절도죄의 경우 6년 이하의 징역 또는 1,000만 원 이하의 벌금에 처하도록 법에 명시되어 있다. 그러나 어쩔 수 없이 저질러지는 생계형 범죄는 일반 범죄보다 가벼운 형량에 처하고 있다. 하지만 생계형 범죄도 사회의 질서를 무너뜨리는 범죄 행위임에는 분명하다. 아무리 생활이 곤궁하고 절박하여 남의 물건을 훔치게 됐다 해도 이러한 범죄 행위가 정당화될 수는 없다. 국가와 우리 모두가 이러한 일에 대해 무엇을 할 수 있는지 생각해 봐야 할 것 같다. 우리 모두의 구성원으로서 함께 나누는 사회가 되면 이러한 범죄가 많이 줄어들지 않을까?

인삼을 캐는 방법

인삼은 10월경에 씨를 뿌리고, 1년간 자란 어린 삼을 봄에 이식한다. 이식한 인삼은 양달과 응달을 번갈아 바꿔 주면서 3~5년 성장시킨 뒤 캘 수 있다. 인삼은 여름에는 서늘하고 배수가 좋고 비옥한 땅에서 잘 자란다. 인삼을 캘 때는 인삼이 있는 주위를 넓게 파서 인삼의 뿌리가 다치지 않도록 조심해야 한다.

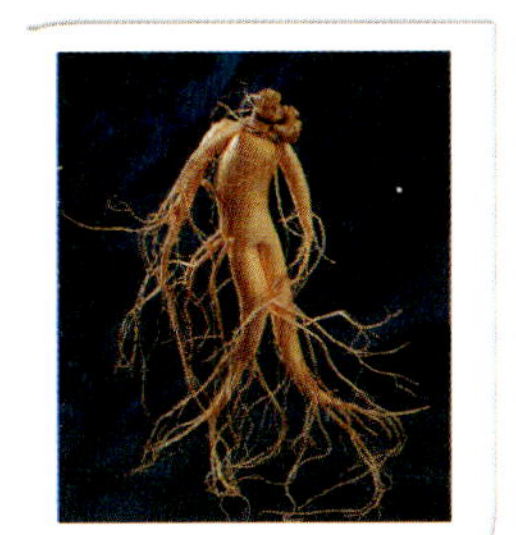

농촌에서 흔히 발생하는 범죄의 종류

범죄는 보통 사람이 밀집되어 있는 곳에서 많이 발생한다. 예전에 농촌 지역은 문을 잠그지 않아도 될 정도로 범죄와는 거리가 멀었지만 최근에는 이러한 허점을 이용한 범죄가 빈번하게 일어나고 있다. 애써서 농사를 지어 수확을 앞둔 가을에는 농작물 등의 절도 사건이 많이 일어난다. 수년간 힘들여 지은 인삼을 훔쳐 가는 인삼 절도사건, 건조하기 위해 펼쳐 놓은 벼를 절도하는 사건, 각종 밭작물을 한밤중에 몰래 통째로 훔쳐 가는 사건 등 농작물에 대한 절도 사건이 끊이지 않고 일어나고 있다. 심지어 기르는 가축까지 훔쳐 가는 사건도 빈번하다. 또한 농사 일을 마친 뒤 경운기 등 농사용 기계를 집으로 가져오다가 뺑소니 교통사고를 당하는 경우도 종종 일어난다.

CASE 6
피 말리는 유괴사건을 종료하라!

천재 논술교실
천재 논술 교실
피아노
영어학원
도레미

사건의 주요 내용

어머니와 함께 놀고 있던 어린이가 어머니가 잠시 집에 물건을 가지러 간 사이에 놀이터에서 사라졌다. 함께 놀던 어린이들의 말에 따르면 이웃집 아저씨라는 사람이 데리고 갔다고 한다. 그 뒤 유괴범과의 피 말리는 줄다리기가 시작되고, 유괴된 어린이의 생사조차 알 수 없는데…….

홀연히 사라진 아이

여느 때처럼 채연희 씨는 남편이 출근한 뒤에 바람을 쐬려고 아이를 데리고 놀이터로 나갔다. 아이와 함께 시소도 타고 그네도 타는 그때가 그에게는 가사일에서 해방되어 동심으로 돌아가 논다는 느낌도 들어 가장 행복한 시간이었다. 채연희 씨는 그날따라 왠지 집에 가고 싶지 않은 느낌이 들었지만 세탁기에 담아 놓은 빨래를 돌리고 바로 나온다는 생각으로 집으로 향했다.

"여기서 친구들하고 잘 놀고 있어. 엄마 금방 올게."

"응."

"우리 진원이 대답도 잘하네."

하지만 이것이 고통의 시작인 줄을 누가 알았을까. 놀이터에서 놀던 아이를 기다리고 있던 것은 유괴범의 검은 손이었다.

"꼬마야, 나 윗집 아저씨인데 너희 엄마가 너를 데리고 오라 했어. 아저씨와 같이 가자."

4살박이 황진원 어린이는 아무런 의심 없이 유괴범에게 이끌려 차에 태워졌다. 놀이터에는 또래의 어린이들이 함께 놀고 있었지만 누구도 그 남자가 유괴범이라고는 생각하지 않았다. 순식간에 일어난 일이었다. 잠시 집에 갔던 채연희 씨는 잠시 뒤 놀이터에 도착하여 아이를 찾았지만 찾을 수가 없었다. 놀이터 주위를 둘러보았으나 어디에도 아이는 없었다. 함께 놀던 아이들한테 물어보았더니 어떤 아저씨가 아줌마가 오라 했다며 데려갔다는 말을 하는 것이었다.

채연희 씨는 초조하고 불안해지며 순간 눈앞이 캄캄해졌다. 말로만 듣던 유괴 사건이 자신에게 닥친 것이다. 뉴스에서 유괴 사건이 보도될 때 한편으로는 안타까우면서도 다른 한편으로는 한 귀로 흘려듣던 자신이었다. 채연희 씨는 미친 듯이 아이를 찾기 위하여 주위를 돌아다녔지만 아이는 흔적조차 없었다. 연락을 받은 남편이 급하게 집에 도착하였다. 자초지종을 들은 남편은 어찌할 바를 몰라 팔짱을 낀 채 왔다 갔다 했다. 지루하고 답답한 시간만 하염없이 흘렀다.

전화벨이 울렸다. 채연희 씨는 전화벨이 울릴 때마다 아이가 걱정되어 미칠 것 같았다. 남편이 전화를 받았다.

"여보세요, 채연희 씨 댁이죠?"

"네, 네……."

전화는 확인만 하려는 듯 곧장 끊어지고 말았다.

"설마 했는데 정말 내 애가 납치를……."

남편은 말을 채 잇지 못하고 한숨을 쉬며 생각하다 부인의 손을 잡으며 말했다.

"어떡하지? 우리 마음을 단단히 먹어요. 설마 애한테 무슨 일이야 있겠어? 우리가 원한 살 만한 사람도 없고……. 신고를 합시다. 이런 때는 신고를 하는 편이 좋대."

이야기가 끝나자마자 다시 전화벨이 울렸다.

"여보세요, 채연희 씨 댁이죠?"

"네, 네. 말씀하세요. 우리 아기 데리고 계신 거죠?"

"음, 그런데 애가 집에 가려면 차비가 필요한데 좀 보내 주셔야겠어요."

"네, 얼마나……."

다시 전화가 끊어졌다. 유괴범은 계속 전화를 걸었다 끊었다 하면서 반응을 살피는 듯했다.

다시 10여 분의 시간이 흘렀다. 부부는 고민을 했다. 정말 신고를 해야 하는지. 신고를 했다가 유괴범이 아이를 해치면 어떡하나 하는 고민도 생겼다. 그렇지만 수사 기관을 믿기로 하고 신고해서 유괴 사실을 알렸다.

앤과 큐가 유괴 사건을 접한 것도 이때였다.

"어머니 신고한 것에 대해 절대로 내색하지 마세요. 저희가 아이가 안 다치도록 철저하게 조치를 취하겠습니다. 저희를 전적으로 믿고 행동하셔야 합니다."

앤이 부모를 안심시키기 위해 짧게 설명을 마치고 전화를 끊었다. 치밀한 작전이 필요했다. 자칫 잘못해서 아이가 다칠 수 있기 때문에 최종 목표를 무사히 아이가 집으로 돌아오는 것으로 맞췄다. 큐는 유괴범의 발신지 추적을 하였다. 유괴범은 계속 위치를 옮겨 가면서 공중전화를 이용하여 전화를 하고 있었다. 발신지로 추정되는 곳으로 수사관을 급파하여 유괴범이 움직이는 대로 따라서 움직이도록 했다.

신고가 끝나기가 무섭게 다시 전화벨이 울렸다. 채연희 씨의 가슴이 더욱뛰었다. 혹시 유괴범이 알아차린 것은 아닌가 하는 불안감으로 심장은 터질 것만 같았다.

"3,000만 원을 한 시간 내로 영원 레스토랑 뒤 쓰레기통에 넣어 두세요. 경찰에 신고하면 아이 목소리는 영영 못 들을 줄 아세요."

남편이 휴대전화로 앤과 큐에게 상황을 설명하였다. 혹시 유괴범이 눈치를 챌 수 있기 때문이었다.

"일단 은행을 가는 척하면서 가짜 돈을 마련해 그곳에 놓아 두세요. 처음에는 절대로 돈을 가져가려고 하지 않을 겁니다. 다음부터는 전화에 녹음장치를 해서 유괴범의 음성을 녹음하세요."

앤과 큐가 남편에게 어떻게 행동해야 할지에 대해 설명했다. 채연희 씨가 앤과 큐의 말대로 가짜 현금 뭉치를 보자기에 싸서 유괴범이 지정한 장소에 갖다 놓았다. 정 수사관이 다시 자리를 옮겨 유괴범의 검거를 위해 돈을 놓아 둔 곳 근처에 잠복했다. 하지만 몇 시간이 지나도 유괴범은 나타나지 않았다. 부부가 밤을 뜬눈으로 지새며 초조하게 기다렸지만 유괴범으로부터의 연락은 아예 없었다. 혹시 유괴범이 눈치 챈 것은 아닐까? 불안감은 더욱더 커지기 시작했다.

좁혀드는 수사망

유괴범은 위치가 노출되는 것을 우려했는지 공중전화만 사용하였다. 유괴범의 녹음된 음성이 국립과학수사연구소로 곧장 보내졌다. 음성 분석 결과 유괴범은 전라도 사투리를 쓰며, 나이는 40대 중반인 것 같다는 소견이었다. 다시 유괴범의 전화가 오기를 기다렸지만 하루 종일 전화는 없었다. 아이가 다칠까 봐 공개 수사를 할 수도 없는 상황이었다.

앤이 그 당시 함께 놀이터에 있었던 어린이들을 찾아가 유괴범의 인상착의에 대해 자세히 물었다.

“어제 있었던 진원이를 데려간 사람이 어떻게 생겼어요?”

“음, 그러니까요. 좀 말랐고요, 이마가 좀 쭈글쭈글했고요, 얼굴이 이렇게 동그랗게 생겼어요.”

“그리고요, 옷은 음…… 검정 점퍼를 입었고요, 아래는 음…… 잘 모르겠어요.”

“고마워요.”

한 어린이가 한참을 생각하다 생각이 났다는 듯 말하자 옆에 있던 다른 어린이가 옷차림에 대해서 얘기했다. 어제 일어난 일이어서 비교적 상세하게 기억을 하고 있었다. 몇 명이 있었기 때문에 서로 보충해 주며 열심히 설명해 주었다.

한편 큐는 유괴범이 전화를 한 곳으로 추정되는 공중전화 박스의 주위에 설치된 CCD 카메라에 찍힌 영상을 모두 분석하기로 하였다. 몇 명의 수사관과 함께 전화를 건 시간대의 영상을 분석하였지만 유괴범으로 의심되는 사람은 찾지 못했다.

“혹시 유괴범이 그곳을 벗어난 것은 아닐까요? 유괴범이 낌새를 채고 어디론가 잠적할 수도 있으니까요. 하여튼 처음 전화를 한 지역을 벗어난 것 같은데, 그동안 상당한 거리를 이동할 수 있는 시간입니다. 이제 수사 범위를 넓히고 전국적인 협조체제를 갖추어야 할 것 같습니다. 각 관할서에 통보하여 가장 가까운 곳에서 유괴범을 체포할 수 있도록 조치를 취해야겠습니다.”

이제까지의 사건 현황을 파악하던 앤이 수사관들에게 말했다.

“그럼 바로 조치를 취하고, 전화가 오면 곧바로 위치를 추적하여 유괴범을 검거할 수 있도록 하지요."

옆에서 한참 듣고 있던 큐가 말했다.

앤은 유괴된 아이의 집 전화선과 본부를 연결했고, 실시간으로 청취가 가능하도록 조취를했다. 전화가 오면 바로 발신지를 추적하여 유괴범을 검거할 수 있도록 만반의 준비를 하였다. 관할 경찰서에는 비상조치를 내리고, 연락이 가면 바로 출동할 수 있도록 연락을 하였다. 이제 전화만 오면 유괴범을 잡는 것은 시간문제였다.

모두가 유괴범으로부터 전화가 오기를 초조하게 기다렸지만 걸려 오는 전화는 없었다. 아이가 잘못된 것은 아닐까? 가짜 돈이라는 것을 알아서 그랬던 것일까? 경찰에 신고한 것을 눈치 챈 것은 아닐까? 불안에 떨며 하루가 지나고, 다음날 아침에 다시 전화가 왔다. 이번엔 여자로부터 전화가 왔다.

"아저씨, 정말 재미없어요. 다시 말씀드리지만 마지막 기회를 드리겠습니다. 저번에 말한 돈을 다시 그곳에 갖다 놓으세요. 정말 마지막입니다."

그녀는 자기 말만 하고 전화를 끊었다. 전화 발신지 추적을 한 결과 전화를 건 장소는 어제와 전혀 엉뚱한 곳인 대전의 한 외곽이었다.

"이번엔 여자가 전화를 했어! 그러면 유괴범은 2인조 또는 그 이상이라는 것인데. 이렇게 빨리 대전으로 움직였단 말이야? 정말 알 수가 없군. 아무튼 빨리 연락을 해서 유괴범을 검거하도록 해야지."

큐가 고개를 갸웃거리며 이해를 할 수 없다는 표정을 지었다. 바로 인근 경찰서로 연락을 하였다. 하지만 잠시 후 발신지를 추적한 수사관으로부터 전화가 왔다. 유괴범을 찾을 수 없다는 것이었다. 단 몇 마디만 남기고 사라지고, 다시 전화를 하고 사라지는 숨바꼭질이 계속되었다. 마치 수사기관을 비웃기라도 하는 듯했다. 그리고 이번에는 대전에서 전화를 한 것이다. 앤은 대전에서 전화를 걸고, 서울에서 돈을 챙기겠다는 유괴범의 말을 곰곰이 생각하였다. 앤과 큐는 분명이 공범이 있어 수사에 혼선을 주기 위해 조직적으로 움직이는 것으로 판단하고 서울과 대전 양쪽에서 추적하기로 하였다.

"와, 유괴범들이 정말 번개 같군. 어떻게 그렇게 빨리 이동할 수 있을까? 서울에서 일어난 도난 차량을 모두 알아보자. 서울 외곽으로 빠져나간 차 중에서 도난 차량이 혹시 발견될지도 몰라."

큐가 앤에게 말했다.

"하지만 도난 차량도 한두 대가 아니잖아. 그리고 도로에는 엄청나게 많은 차량이 지나가는데 그 가운데 어떻게 도난 차량을 골라낸다는 거야? 무모한 짓 아냐?"

"그래도 해야지. 오늘이 중대한 고비인 것 같아. 하루 이틀 안에 끝을 내야 해. 아이가 다칠 수 있어. 유괴범의 심리상 시간이 흐를수록 불안감을 더 크게 느낄 수 있거든. 한 시간이라도 빨리 해결해야지 그렇지 않으면 점점 힘들어져."

앤이 곤란한 표정을 지으며 황당하다는 듯 말하자 큐가 설득을 하듯 앤에게 말했다. 앤과 큐는 서울을 빠져나가는 길목에 설치된 CCD 카메라에 찍힌 모든 차량을 검색하기 시작했다. 시간을 많이 필요한 작업이었지만 달리 방법이 없었다. 뭔가 해야 할 것 같은데 도저히 묘책은 안 떠오르는 막막한 수사가 계속되었다. 그렇다고 공개적으로 수사하기에는 위험이 너무 컸다. 할 수 없이 범인이 지나갔을 것으로 추정되는 도로에 설치된 카메라를 모두 검색하고, 그 시간대에 통행한 차량 모두를 검색하였다. 도난 차량 등이 있으면 특히 자세히 관찰하기로 하였다.

밤을 새면서 카메라 화면을 뚫어져라 검색했지만 단서는 찾지 못했다. 어느덧 아침 해가 떠오르기 시작했다. 한참을 들여다보던 한 수사

관이 어린이들이 말한 유괴범의 인상착의와 비슷한 사람이 운전하고 지나가는 것을 발견했다.

"야! 밤샌 보람이 있구나! 드디어 단서를 포착한 거야."

앤과 큐가 소리를 지르며 환호했다.

"아직은 일러요, 큐와 앤 수사관님. 운전자가 남자 한 명뿐이고 어린이는 없어요. 우리가 생각한 것하고는 다릅니다. 적어도 어린이와 여자가 있어야 하는데. 혹시 다른 차량일 수도 있습니다. 좀 더 신중하게 접근할 필요가 있습니다."

카메라 화면에서 눈을 떼지 못한 채 수사관이 말했다.

가뭄 끝에 단비 만난 듯 모든 수사관의 손길이 바빠지기 시작했다. 먼저 차적 조회를 하였다. 조회 결과 사건 당일 도난당한 것으로 밝혀졌다. 차량 주인은 서울에 사는 사람으로, 유괴된 황진원 어린이가 사는 곳의 옆 동네 골목에 차를 잠깐 세워 놓았는데 사라져 다음날 도난 신고를 했다고 한다.

"앤, 그것 봐! 막무가내도 통할 때가 있다니까. 아니, 막무가내가 아니라 과학이야, 과학수사. 그러면 분명히 그 차량이 맞는 것 같은데. 일단 전국에 수배를 하고, 같은 번호의 차량을 찾도록 해야겠어. 유괴범이 사용한 게 틀림없어."

큐가 어깨를 으쓱거리며 앤에게 말했다.

"하지만 산 넘어 산이야. 그 차량이 도대체 어디에 있는 줄 알아. 자, 이제 다음 순서를 어떻게 해야 하지? 차가 도난당한 것까지 알아냈지만 유괴범은 오리무중이야. 카메라에 잡힌 유괴범의 모습을…… 참, 공개수사는 아직 안 되지? 이제 시작이야. 차량이 지나간 쪽을 좀 더 집중해서 수사해야 할 것 같아. 좀 쉬고 다시 시작하자."

앤이 무엇을 말하려다 공개수사가 아직은 아니라는 생각이 들었는지 말을 삼켰다. 앤과 큐, 그리고 같이 밤을 샌 수사관들은 모두 집으로 향했다.

집에 도착한 큐가 잠자기 위해 세수를 하려던 때에 휴대전화가 울려댔다. 권 수사관으로부터 온 전화였다. 뭔가 심상치 않은 느낌이 들었다. 큐는 잠시 망설이다가 전화를 받았다.

"큐 수사관님, 수배 차량을 발견하였습니다. 간밤을 꼬박 샜으니 매우 피곤하실 겁니다. 오늘은 제가 진행할 테니 푹 쉬시고 내일 뵙도록 하겠습니다."

"네, 그렇게 하세요."

'하지만 궁금해서 못 참겠는걸. 잠깐 잠을 깨고, 빨리 가 봐야겠어.'

큐가 혼잣말로 중얼거리며 세수를 하고 잠자리에 들었다.

 사건은 미궁 속으로

차량이 발견됨으로써 수사는 긴박하게 돌아갔다. 발견된 차량은 예상한 대로 카메라에 찍힌 것과 같은 차량이었다. 차량이 발견된 곳은 어린이가 유괴된 곳과 처음 전화를 한 곳에서 많이 떨어진 지역이었다. 항상 그곳에 주차를 하던 사람이 자신의 차량을 대지 못하자 신고를 하였으며, 이 차량은 곧 견인되었다. 견인차량 보관소에서 차량의 주인을 찾기 위해 조회를 하던 중에 도난 차량임을 발견하고 신고한 것이었다.

권 수사관과 몇 명이 차량이 발견된 현장으로 급파되었다. 차량은 비교적 깨끗한 상태였다. 차량에서 유괴범의 흔적을 찾기 위해 정밀한 조사가 진행되었다. 차량의 손잡이, 시트, 차의 바닥 등을 모두 털어서 유괴범의 흔적을 찾는 데 총력을 기울였다.

"유괴범이 운전했다면 유괴범 손의 체세포가 운전대에 묻어 있을 것이고, 한참을 운전하고 다녔으면 분명히 유괴범의 모발이 떨어져 있을 거야. 어딘가에 분명히 유괴범의 흔적이 있을 거야!"

제대로 잠을 자지 못한 채 현장에 내려온 큐가 차량 문을 열고 차분하게 차 안을 들여다보면서 말했다.

"그래, 큐. 조그마한 것 하나라도 놓치면 안 돼. 샅샅이 조사해서 유괴범의 흔적을 찾아내야 돼. 유괴범은 반드시 잡힌다는 것을 사람들에게 보여 줄 필요가 있어."

차량에 대한 정밀 조사가 한 시간 이상 진행되었다. 차량의 여러 군데에서 지문을 채취하였지만 조회 결과 유괴범과는 전혀 관련이 없는 사람들이었다. 앤은 운전대, 손잡이 등을 멸균된 생리식염수를 사용해서 훔쳐 냈다. 차량의 발판 운전석, 조수석, 뒤 좌석의 발판 등과 시트를 자세하게 관찰하고 묻어 있는 모발 등을 모두 채집하였다. 유괴범의 모발뿐만 아니라 유괴된 어린이의 모발이 있는지도 알아봐야 하기 때문이다. 황진원 어린이가 탄 차인지를 확인하기 위하여 차량에서 발견된 모발과 황진원 부모의 구강채취물도 함께 국립과학수사연구소로 보내 의뢰하였다.

며칠 뒤 국립과학수사연구소의 감정 결과가 통보되었다. 즉, 납치된 어린이가 그 차에 있었다는 것이다. 일부 모발과 부모 사이에 친자관계가 성립하는 것으로 통보되었다. 운전대에서 채취한 모발에서는 여러 사람의 유전자형이 각각 검출되었다.

며칠이 지나도록 유괴범으로부터 아무런 연락이 없어 부모의 속은 까맣게 타들어 갔다. 수사도 급속하게 진전되는 듯하다가 유괴범의 연락이 없자 다시 미궁으로 빠져들었다. 답답하게 흘러가는 시간은 모두의 불안감을 가중시키고 있었다.

"앤, 차량이 발견된 곳으로 가는 길에 톨게이트가 하나 있었지? 영수증을 뽑았다가 도착하는 곳에서 정산을 하잖아. 그 영수증에 혹시 유괴범의 지문이 찍혀 있지는 않을까? 사람 손에는 땀이 많이 나니까 영수증 같은 데 지문이 잘 남잖아. 빠져나간 톨게이트에서 그날의 영수증을 모두 찾아보는 거야. 분명히 유괴범이 만졌을 영수증이 들어있을 거야."

"큐! 설마, 그걸 다 확인하자는 것은 아니겠지? 불가능해. 수많은 차가 지나갔고, 그것을 일일이 다 확인한다는 것은 불가능한 일이야."

"여러 명이 나눠서 대략 그 차량이 지나간 시간대의 영수증만 확인하면 될 것 같

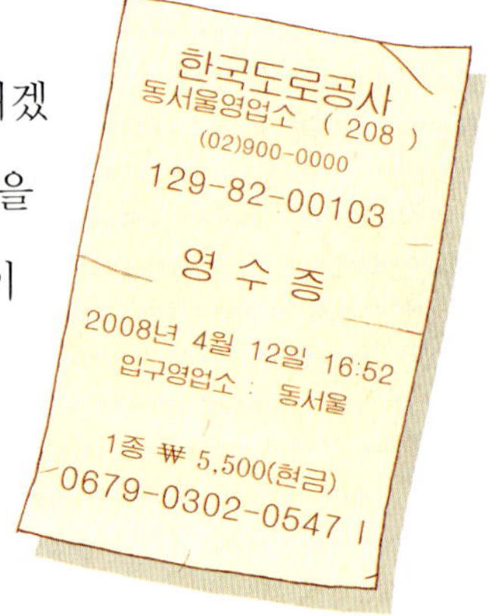

은데. 그러면 금방 확인할 수 있지 않을까?”

“하여간 큐님은 무모함의 천재야! 아무도 못 말려요, 못 말려. 그래 좋아, 한번 해 보자. 어차피 다른 증거도 없으니까.”

할 수 없다는 듯이 앤이 말했다.

앤과 큐를 비롯해 동료 수사관들이 총동원되어 영수증을 뒤지기 시작했다. 몇 시간의 작업 끝에 영수증 몇 장을 골라낼 수 있었다. 그리고 그 가운데 두 장에서 지문을 채취할 수 있었다. 채취한 지문 중에는 유괴된 어린이가 사는 동네의 옆 동네에 사는 황정인 씨의 것도 있었다. 또 한 사람은 서울 외곽에 사는 사람이었다. 따라서 우선 옆 동네에 주소지를 가지고 있는 황정인 씨를 유력한 용의자로 보고 그를 쫓기로 하는 한편, 지문이 채취된 두 장의 영수증은 나중에 유괴범을 검거했을 때 비교하기 위해서 유전자분석을 실시하기로 하였다.

영수증에서 유전자분석이 가능할까?

범인이 영수증을 잠깐이라도 만졌다면 영수증에는 범인의 체세포가 땀과 함께 떨어져 나와 묻어 있다. 따라서 영수증에는 범인의 지문이 찍히게 되고, 지문과 함께 범인 손의 체세포가 묻어 있게 된다. 영수증에 먼저 지문을 채취하고 나중에 그 부분을 자르거나 훔쳐 내어서 유전자분석을 한다.

무사히 돌아온 아이

그 즈음 수사본부에 한 통의 전화가 걸려 왔다. 어린 아이가 길에서 울고 있다는 것이다. 서울 외곽의 한 마을 입구였다.

"여기 어린 아이가 울고 있습니다. 자기가 유괴를 당했다는데 그 아저씨가 여기에 내려놓고 갔다고 합니다."

한 여자의 목소리가 전화기 선을 타고 흘러왔다.

"네! 거기가 어디입니까? 어떻게 생긴 아이입니까? 이름은 뭐라고 합니까?"

큐가 전화를 고쳐 귀에 대며 약간 흥분한 듯 말했다.

"애가 자기 이름을 황진원이라고 합니다. 여기는 발산동입니다."

"네! 황진원이요!"

"네, 그렇습니다."

"저희 수사진이 바로 가겠습니다."

앤과 큐는 황급하게 현장으로 달려갔다. 그리고 아이의 가족에게도 이 사실을 통보하고 발견 장소로 오라고 덧붙였다.

앤과 큐가 그곳에 도착했을 때 황진원 어린이는 두려움에 떨고 있었으며, 한눈에 보기에도 몹시 초췌한 모습을 하고 있었다. 도착한 앤과 큐가 아이를 감싸안고 우선 안정을 찾을 수 있도록 노력했다.

"네가 황진원이니?"

앤이 아이에게 물었다.

"……"

아이는 아무 말 없이 고개만 끄덕였다. 몹시 지쳐 보였다.

"밥은 먹었니?"

"……."

아이는 다시 묻는 말에 여전히 아무런 대답도 없이 고개만 끄덕였다.

공포에서 이제 막 벗어난 아이는 말조차 할 수 없는 상태였다. 앤과 큐는 부모가 올 때까지 기다리기로 하였다.

"천만다행이야. 하지만 우리도 반성을 많이 해야 할 것 같아. 최선을 다한다고 했는데도 유괴범을 신속하게 검거하지 못하고 번번이 놓치고 말았어. 좀 더 체계적인 시스템을 갖춰야 할 것 같아. 다음에는 이런 일이 없도록 하자."

큐가 낮은 목소리로 앤에게 말했다.

"아직 이 사건은 끝나지 않았어. 이제라도 유괴범을 신속하게 검거해야 해. 부모가 오면 바로 아이를 넘겨주고 공개적으로 수사해서 최대한 빨리 검거를 할 수 있도록 하자."

황진원 어린이를 보호하고 있는 동안에 아이의 부모가 현장에 도착하였다. 아이를 보자마자 부모는 아이를 끌어안고 눈물을 쏟아 냈다. 아이는 유괴된 지 열흘 만에 부모의 품에 무사히 안겼다. 천만다행이었다. 하지만 이제는 유괴범을 잡아야 했다. 어린이를 상대로 한 이런 파렴치한 범죄는 절대로 있어서는 안 된다는 앤과 큐의 의지이기도 했다. 재빨리 차량과 함께 찍힌 사진을 영상 처리하여 공개 수배에 나섰다. 또한 유괴범의 목소리도 전파를 타고 전국으로 방송되었다.

드러난 유괴범

　공개 수배한 지 하루도 안 되어 제보 전화가 수없이 걸려 왔다. 텔레비전의 위력은 대단했다. 그 가운데 믿을 만한 제보를 분석하는 한편으로 황정인 씨가 살고 있는 집으로 수사관을 급파하였다. 황정인 씨가 살고 있다는 집은 다가구 주택의 반지하였다. 하지만 집에는 아무도 없었다. 주위 사람들에게 물었더니 황정인 씨의 얼굴을 본 지가 한참 되었다고 했다. 수사관들이 돌아가며 집 주위를 살폈다. 하지만 며칠이 지나도록 사람은 나타나지 않았다.

　"황정인이 눈치를 채고 아예 안 들어오는 것 같아. 또 다른 범죄를 저지를지도 모르는데 마냥 기다릴 수만은 없을 것 같아."

　큐가 근심스런 얼굴로 말했다.

　"아니야, 큐. 좀 더 기다려 보자. 분명히 잠잠해졌다고 생각이 들면 집으로 돌아올 거야."

　"공개 수배까지 됐는데 들어오겠어? 아마 자수를 하지 않는 이상 여기에는 나타나지 않을 거야. 그의 주위 사람들에게 물어서 황정인의 소재를 파악하는 편이 낫겠어. 그리고 자수할 것을 설득하라고 해야 할 것 같아."

　"하지만 그의 휴대전화도 꺼진 상태야. 통화를 할 수 있어야 설득을 하든지 말든지 하지."

　앤과 큐가 한참을 이야기하다가 결국 잠복은 포기하고 그의 소재 파악에 수사력을 기울이기로 했다. 따라서 그의 친척 또는 친구들에게 일일이 설명을 하고 자수 권유를 부탁하였다.

유괴범과 관련된 내용이 한 번 더 방송에 나가자 많은 신고 전화가 왔다. 하지만 신빙성이 떨어져 오히려 수사에 혼선을 빚기만 하였다. 이런 가운데 공개 수배된 유괴범의 옷차림과 비슷한 사람이 있다는 한 통의 전화가 왔다. 그곳은 여관이었다. 벌써 열흘 이상을 그곳에서 머물고 있는데 공개 수배자의 인상착의와 너무 비슷하다는 것이다.

신고를 받고 수사진이 그곳으로 급파되었다. 하지만 용의자가 여관에 들어오지 않은 상태였다. 무작정 기다리기로 했다. 밤 11시가 넘어서 한 남성이 그 방으로 들어갔다. 그리고 잠시 후 한 여성이 따라 같은 방으로 들어갔다. 수사관들이 이들이 들어간 방을 급습했다.

"아! 왜 그러십니까? 뭐 잘못 아신 것 아닙니까? 누구시지요?"

"네, 저희는 수사관입니다."

큐가 신분증을 보이며 그에게 말했다. CCD 카메라 사진에서 본 모습과 비슷하다는 것을 한눈에 알아볼 수 있었다.

"저는 평범한 가장입니다. 우리는 부부 사이이고요. 법치국가에서 이렇게 사생활을 함부로 침범해도 되는 겁니까?"

"황정인 씨! 집을 두고 왜 여기에서 주무세요. 집으로 가셔야지요."

큐가 말했다.

"네? 제 이름은 어떻게 아셨습니까?"

"다 아는 방법이 있습니다. 수사관이 범인의 이름을 아는 것은 이상한 것이 아니지요. 이미 증거를 다 확보했습니다. 목소리도 너무 비슷하군요. 당신의 모습이 카메라에도 잡혔고, 당신의 유전자형도 확보되었고……. 이 정도면 완벽하지요? 당신이 범행을 완벽하게 하려고 한 만큼 저희도 완벽한 증거를 확보 했어요."

“네? 무슨 소리입니까? 저희는 잘못을 저지른 게 없습니다!”

“할 수 없군요. 분석 결과를 보면 수긍을 할 수 있겠지요. 과학은 범법자의 수법을 앞서 갑니다. 아무리 속이고 완벽한 범죄를 생각해도 어느 곳엔가는 분명 범행을 입증할 수 있는 증거를 남기게 되거든요. 우선 조사를 위해서 저희하고 같이 가셔야 하겠습니다.”

목소리 감정

황진원 어린이의 부모와 통화하는 과정에서 녹음한 남성 및 여성의 목소리와 용의자들의 목소리가 녹음된 테이프와 함께 용의자들의 구강을 채취한 면봉도 영수증 지문에서 확보된 유전자형과의 비교를 위해 국립과학수사연구소에 보내 감정을 의뢰하였다.

며칠 후 분석 결과가 통보되었다. 감정 결과 협박 당시 녹음된 남성과 여성의 목소리 모두 용의자들의 목소리와 같은 패턴을 보였다. 지문에서 채취된 유전자형과 용의자들의 유전자형도 일치한다는 통보를 받았다. 이들이 아이를 유괴한 범인임이 확실해진 것이었다.

큐가 다시 이들로부터 자백을 받기 위해 물었다.

“자, 국과수에서 황정인 씨의 목소리와 아이 부모를 협박할 때 녹음한 목소리가 같다는 결과가 나왔어요. 그리고 여기 사진을 보세요. 차를 타고 가던 당신의 모습이 촬영된 것입니다. 황정인 씨가 훔친 그 차 안에서 당신이 유괴한 어린이의 머리카락이 발견되었고요. 그리고 황정인 씨가 황진원 어린이를 차에 태우고 거쳐간 톨게이트에서 영수증을 모두 뒤져 당신이 사용한 영수증을 찾아냈어요. 이 영수증에는 당신의 체세포가 묻어 있었습니다. 이 지문에서 유전자형이 검출되었는데 황정인 씨의 유전자형과 같습니다. 이래도 계속 발뺌할 것입니까?”

국립과학수사연구소의 음성연구실을 살펴보자!

음성분석실은 국립과학수사연구소 물리학과에 소속되어 있다. 목소리 감정은 어린이 유괴 등의 납치 사건, 폭파 협박 사건, 독극물 투입 협박 사건, 항공기 사고 등과 관련한 협박범의 음성이 녹음된 테이프를 과학적으로 분석하여 범인을 확인한다. 음성학적 감정은 (1) 음성에 의한 개인 식별, (2) 화자의 성별, 연령, 언어 영향권 등의 추정, (3) 녹음테이프의 인위적 편집 여부 판별 등의 업무를 주로 하고 있다. 지금도 납치 사건 등에서 사건을 해결하는 데 많은 공헌을 하고 있다.

음성 분석 장비

국과수 음성연구실

음성에 의한 개인식별

사람의 성대 크기와 모양에 따른 주파수별 세기, 성대의 진동 형태, 억양 등 음성기관의 발음상 특징에서 나타나는 여러 요소를 비교분석하여 동일인 여부를 판정한다. 명확한 개인 식별을 위해서는 약 20개의 단어가 필요하다.

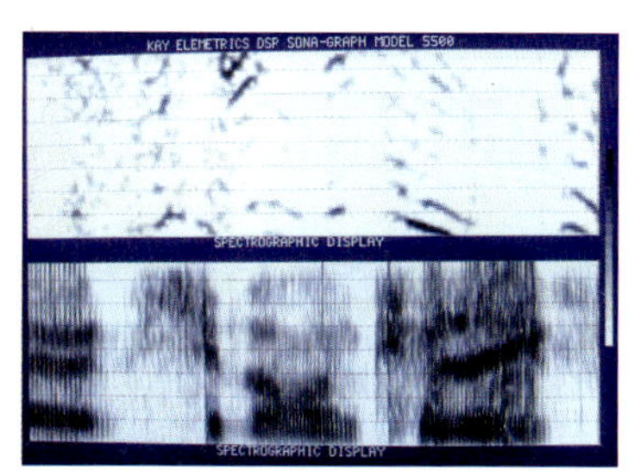

음성 분석 사진

사건 종료

"죄송합니다."

황정인 씨는 그때서야 짧게 한마디 하고 고개를 숙이며 자신의 범행을 뉘우치기 시작했다.

"이제야 자신의 범행을 인정하시는군요. 진작 그러시지요. 왜 그런 짓을 저질렀어요?"

"죄송합니다. 살기가 힘들었습니다. 돈벌이는 안 되고 굶어 죽을 판이었습니다. 그나마 막노동판도 일감이 없어서……, 그냥 돈만 조금…… 얻어 보려고 했습니다. 애를 해칠 생각은 전혀 없었습니다."

"여자분은 누구세요?"

"네, 제 아내입니다. 수사에 혼선을 주려고 그랬습니다. 집사람한테 대전에서 전화를 하라고 했습니다. 대전에서 전화를 하면 범인이 대전으로 간 것으로 생각할 것이고, 그곳으로 수사 방향이 바뀐 것이 확인되면 갖다 놓은 돈을 가져가려고 했습니다. 그런데 돈을 챙기려고 할 때마다 누가 꼭 보고 있는 것 같아서 근처까지 갔다가 그냥 돌아왔습니다. 제 아내는 아무 죄가 없습니다. 다 제가 저지른 것입니다."

"아이는 왜 그곳에 두고 갔습니까?"

"집사람이 대전으로 데려갔다가 다시 서울로 왔습니다. 내내 집에서 데리고 있었습니다. 시간은 흐르고 경찰이 바짝 저희를 쫓고 있는 것 같아서 아이를 계속 데리고 있을 수가 없었습니다. 그래서 그곳에 내려놓고 왔습니다. 저희도 너무 힘들었습니다. 아이 부모께는 정말 죄송하다는 말을 드리고 싶습니다. 죄의 댓가는 달게 받겠습니다."

"앤, 이번 사건은 정말 극적이었던 것 같아. 납치된 어린이가 아무런 탈이 없이 집으로 돌아왔다는 것은 정말 다행이야."

"큐의 발상이 사건을 해결하는 데 큰 역할을 한 것 같아. 영수증에서 지문을 채취한다는 것은 아무나 생각해 낼 수 있는 것이 아니야. 이제는 정말 베테랑 수사관이 되어 가는 것 같아. 우리가 있는 이상 범죄자가 발붙일 곳은 없을 거야. 시민 의식도 많이 바뀐 것 같아. 시민들도 사건을 해결하는 데 큰 힘이 되는 것 같아. 좀 더 성숙해지면 정말로 우리 사회에서 다시는 이러한 범죄가 발생하지 않을 거라고 믿어."

"그래, 앤도 너무 수고 많이 했어."

국립과학수사연구소 유전자분석과

국립과학수사연구소의 유전자분석과는 서울특별시 양천구 신월동에 위치하고 있으며, 전국에서 일어나는 수많은 사건을 처리하고 있다. 본소 외에도 남부분소(부산), 서부분소(광주), 중부분소(대전), 동부분소(원주) 등에 유전자분석실이 설치되어 있어 각 지방에서 일어나는 각종 사건을 처리하고 있다.

국립과학수사연구소

유전자분석과 실험실 입구

유전자분석 실험실은 오염에 매우 민감하므로 실험자 외에 외부인 출입을 엄격히 통제하고 있다. 실험자도 외부에서 실험실 안으로 들어갈 때에는 실험복을 착용해야 하며, 들어

가기 전에 입구에 설치되어 있는 에어 샤워기를 통과하여 몸에 묻어 있을지도 모를 오염 물질을 제거하고 안으로 들어가야 한다.

실험실 입구

실험실 내에서는 반드시 실험 가운을 입어 시약 등이 피부 등에 묻지 않도록 한다. 또한 증거물의 채취, DNA 실험 시에는 오염을 막기 위하여 반드시 마스크와 장갑을 착용한다.

실험실 내부 환경

실험실 내부는 항상 최적의 실험 조건을 갖추고 언제든지 실험할 수 있게 관리·운영되고 있다. 또한 기기들이 항상 가동될 수 있도록 항

실험실 내부

온 및 항습 시설을 갖추고 있다. 증거물은 실험 과정 또는 보관 중
에 부패하거나 변질되지 않도록 항상 냉장 또는 필요한 경우 냉동
보관을 각각 하고 있다.

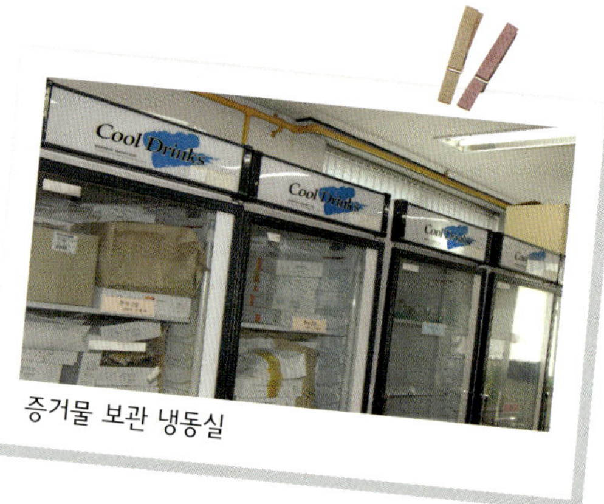
증거물 보관 냉동실

유전자분석 실험을 하려면?

유전자분석에는 고가의 분
석 장비가 필요하다. 실험에
사용되는 장비들도 항상 최적
의 가동 상태를 유지하기 위하
여 항온·항습 실험실에 설치
되어 있어야 한다.

DNA 증폭에 사용되는 장비
(유전자 증폭기)

유전자 증폭기는 분석을 원
하는 유전자 부위를 선택하여 수백만 배로 증폭을 해 주는 장치이

다. 검출된 유전자분석 결과를 분석하는 프로그램을 통해 유전자형을 결정짓게 된다.

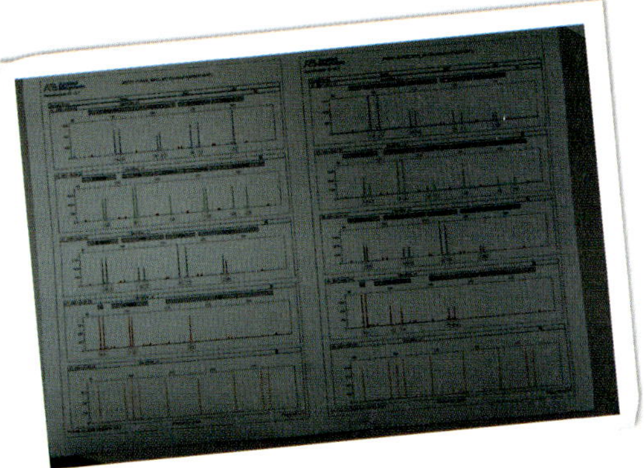

유전자분석 결과

국립과학수사연구소도 국제적 인증을 받는다!

실험실의 시설과 운영 시스템에 따라 국제적 기준이 정해져 있다. 우리나라도 국립과학수사연구소와 대검찰청에서 국제 인증 KOLAS를 받았다. 국립과학수사연구소는 국제적 기준에 적합한 감정을 실시하고 있다. 국립과학수사연구소에 비치된 기기들은 정기적으로 점검을 받고 있으며, 항상 최적의 조건을 유지할 수 있도록 하고 있다.

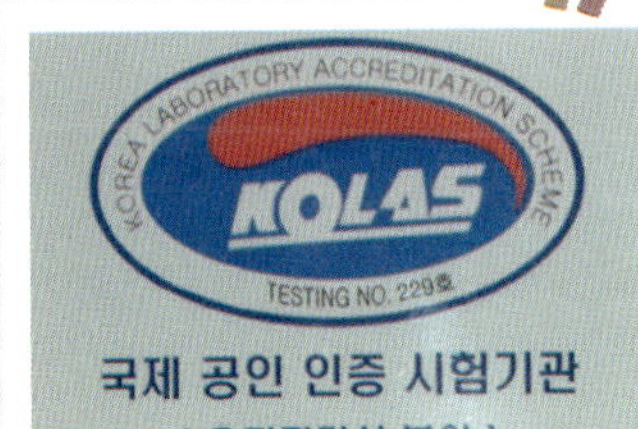

국제 인증 마크

한국의 CSI 국과수 박사님의 범인 잡는 과학 이야기

과학이 밝히는 범죄의 재구성 2

펴낸날	초판 1쇄 2008년 5월 7일	
	초판 8쇄 2023년 7월 24일	
지은이	박기원	
펴낸이	심만수	
펴낸곳	(주)살림출판사	
출판등록	1989년 11월 1일 제9-210호	
주소	경기도 파주시 광인사길 30	
전화	031)955-1350	팩스 031)624-1356
홈페이지	http://www.sallimbooks.com	
이메일	book@sallimbooks.com	
ISBN	978-89-522-0880-4	04400
	978-89-522-2676-1	04400 (세트)

※ 값은 뒤표지에 있습니다.
※ 잘못 만들어진 책은 구입하신 서점에서 바꾸어 드립니다.